Mittel- und Süd-
Amerika

DIE NATUR-HIGHLIGHTS

Fotografinnen und Fotografen
Uli Assmann
Mathias Csader
Norbert Frommelt
Joachim Griesinger
Frank Hanel
Andreas Klotz
David Köster
Dr. Til Macke
Heike Odermatt
Martin Ruhnke
Beate und Dr. Michael Schneider
Thomas Weinhold
Britta Wulfekammer

Autoren
Stephan Martin Meyer
Andreas Klotz

TiPP 4

Die Natur-Highlights Mittel- und Südamerikas im Überblick:

Alles, was gegen die Natur ist,
hat auf Dauer keinen Bestand.

Charles Darwin
(Begründer der Evolutionstheorie, 1809-1882)

IMPRESSUM

Mittel- und Südamerika – Die Natur-Highlights
1. Auflage, April 2012
ISBN 978-3-9812944-4-6

Idee und Konzeption: Michael Matschuck und Andreas Klotz
Text: Stephan Martin Meyer und Andreas Klotz
Herausgeber: Andreas Klotz
Layout und Karten: Michael Hildebrand
Fotos: Alle Fotos wurden von Uli Assmann, Mathias Csader, Norbert Frommelt, Joachim Griesinger, Frank Hanel, Andreas Klotz, David Köster, Dr. Til Macke, Heike Odermatt, Martin Ruhnke, Beate und Dr. Michael Schneider, Thomas Weinhold und Britta Wulfekammer in Mittel- und Südamerika aufgenommen.
Die Viten aller Fotografinnen und Fotografen sowie detaillierte Bildnachweise sind dargestellt auf den Seiten 194 bis 200.
Druck: druckpartner Druck- und Medienhaus GmbH, Essen; www.druck-partner.de
Papier: MagnoSatin – teilweise zur Verfügung gestellt durch die Sappi Deutschland GmbH
Verlag: Fotografeneditionen.de, c/o TiPP 4 GmbH, Marie-Curie-Straße 15, 53359 Rheinbach, Tel. 02226 911799, www.fotografeneditionen.de, www.tipp4.de

www.bluegreenprint.de

Gedruckt mit bluegreenprint® – ein Markenzeichen für nachhaltig ökologisches und soziales Drucken.
bluegreenprint® beinhaltet alle geltenden Standards der Druck- und Medienbranche, ist klimaneutraler Druck und fördert weltweit wichtige ökologisch-soziale Projekte.

TiPP 4

druckpartner
Druck- und Medienhaus

Andreas Klotz
TiPP 4 GmbH

Michael Matschuck
druckpartner

Liebe Leserinnen und Leser,

in Mittel- und Südamerika befinden sich viele extrem unterschiedliche Natur-Highlights mit völlig verschiedenen Landschaften und einer besonders zahlreichen und abwechslungsreichen Tierwelt. In diesem Fotobildband – dem dritten aus unserer Fotografeneditionen-Reihe – finden Sie Bilder aus acht verschiedenen Regionen von 14 verschiedenen Fotografinnen und Fotografen. Niemand von uns verdient seinen Lebensunterhalt mit der Fotografie, aber uns alle verbindet die Liebe zur Fotografie und wir verreisen natürlich alle am liebsten so oft es geht in entfernte Ecken der Welt.

Alle Aufnahmen in diesem Buch sind auf „ganz normal buchbaren" oder individuell durchgeführten Reisen durch neun Länder entstanden. Sie werden sehen, jeder kann – mit viel Freude, Begeisterung, Herzblut und manchmal auch ein bisschen Glück – sehr gute Fotos machen, die eine Veröffentlichung rechtfertigen, egal mit welcher Ausrüstung. Manche Bilder sind mit neuesten Digitalkameras erst vor Kurzem entstanden, manche wurden noch analog auf Diafilm fotografiert und warteten jahrelang im Archiv auf ihre Veröffentlichung. Einige der Fotografinnen und Fotografen waren nur ein einziges Mal in nur einem der Länder, andere zieht es regelmäßig an die verschiedendsten Stellen Mittel- und Südamerikas.

Natürlich mussten wir uns entscheiden. So wenig wie man auf einer einzigen Reise alles sehen kann, so wenig kann auf 208 Seiten in einem Buch alles gezeigt werden – aber wir glauben, Ihnen mit diesem Fotobildband einen guten Überblick zu verschaffen. Wir möchten Ihnen Land und Leute, Sehenswertes und vor allem die fantastischen Landschaften Patagoniens, die entlegenen Tafelberge Venezuelas, die Kargheit der Anden, die Regenwälder Amazoniens, die besondere Tierwelt der Falklandinseln und des Galápagos-Archipels und die bunten Vögel, Schmetterlinge und Pflanzen aus Costa Rica und dem Pantanal so zeigen, wie Sie es vielleicht auch selbst einmal zu sehen bekommen können. Allein schon deshalb kann und soll dieser Fotobildband keinen Anspruch auf Vollständigkeit oder Einzigartigkeit erheben. Es gibt selbstverständlich Regionen, Nationalparks, Landschaften, Pflanzen, Menschen oder Tierarten, die hier nicht vertreten sind.

Zu jedem Kapitel bzw. zu jedem unserer Natur-Highlights haben wir für Sie informative Texte zusammengestellt. So erfahren Sie zusätzlich auch noch viel Wissenswertes. Mit dem Kauf dieses Buches unterstützen Sie ein Ara-Schutzprojekt in Costa Rica. Mehr dazu erfahren Sie auf den Seiten 202 und 203. Wir würden uns sehr freuen, wenn Ihnen „Mittel- und Südamerika – die Natur-Highlights" gefällt. Vielleicht möchten Sie ja noch ein Exemplar verschenken oder es jemand anderem weiterempfehlen?

Wir wünschen Ihnen nun viel Spaß beim „Armchair-Travelling" ...

Andreas Klotz und Michael Matschuck
im März 2012

Dr. Matthias Reinschmidt

Mittel- und Südamerika ist ein Kontinent mit einer unvergleichlichen Biodiversität an Tierarten, aber auch der unterschiedlichsten Lebensräume und Landschaften. Vom tiefen Regenwald Amazoniens bis hin zur eher kargen – aber nicht minder beeindruckenden – Andenlandschaft, bietet dieser Erdteil eine unglaubliche Vielfalt. Den Autoren und Fotografen ist es gelungen, in ihrem phantastischen Bildband uns Betrachtern einen Einblick in diese Wunderwelt der Natur dieses Kontinents zu geben. Mit ungewöhnlichen Fotos erster Güte entführen sie uns in eine andere exotische Welt, lassen uns teilhaben an ihren Erlebnissen und fordern uns durch ihr fotografisches Dokument förmlich auf, sich für den Schutz und den Erhalt dieser einzigartigen Natur einzusetzen.

Ein fester Umsatzanteil von jedem verkauften Exemplar dieses Buches kommt einem Schutzprojekt für den Großen Soldatenara in Costa Rica zu Gute, einer Flaggschiffart im Artenschutz, die in der Natur stark bedroht ist. In erster Linie wurde diese Papageienart durch Lebensraumzerstörung an den Rand der Ausrottung gebracht.

Eine unterstützenswerte Aktion, die ich jedem Naturliebhaber nur ans Herz legen kann. Wir alle sind gefordert, jeder auf seine Weise, uns für den Erhalt der Natur und deren Lebewesen einzusetzen. Denn mit jeder Art, die von unserem Erdball verschwindet, geht ein Stück der Schöpfung für immer unwiederbringlich verloren. Wollen wir uns von unseren Kindern und Enkeln einmal vorwerfen lassen, ihr habt es gewusst und ihr habt nichts dagegen getan?

Ich wünsche Ihnen, liebe Leserinnen und Leser, genauso viel Freude an diesem wunderbaren Bildband, wie ich sie bei der Durchsicht hatte. Genießen Sie die wunderbaren Einblicke in die Natur und lassen Sie sich von ihr verzaubern. Dem Buch wünsche ich nicht nur deshalb eine weite Verbreitung und viel Erfolg, sondern auch weil vom Erlös wirklich ein großer Schritt zum Erhalt dieser einzigartigen Natur beigetragen werden kann.

Auch jeder noch so kleine Schritt zum Erhalt der Artenvielfalt unseres Planeten ist ein Schritt in die richtige Richtung, fangen wir noch heute damit an, diesen Weg zu gehen!

Ihr

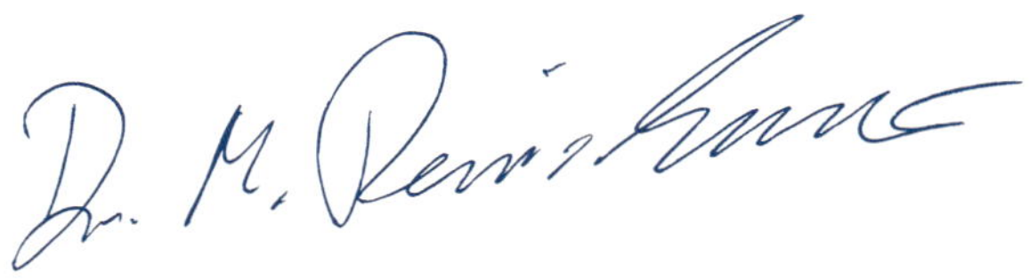

Dr. Matthias Reinschmidt

Die Falklandinseln

Fast menschenleere Einsamkeit vor der Küste Argentiniens

Abgeschieden – dieser Begriff umschreibt recht gut die Lage der Falklandinseln im südlichen Atlantik. Der südlichste Zipfel Argentiniens ist 350 Kilometer vom Festland entfernt. Bis nach London, der Hauptstadt des Mutterlandes Großbritannien, sind es über 12.000 Kilometer. Menschen verschlägt es hierhin kaum – umso mehr ist die Inselgruppe ein Paradies für die einheimische Tierwelt an den schroffen Küsten, im südlichen Atlantik und in den meist flachen Moorlandschaften. Stetiger Wind, ein langer kalter Winter, Böden, die sich nicht für die intensive Landwirtschaft eignen, und keinerlei Bewuchs über einen Meter Höhe – menschenfeindlicher kann eine Landschaft kaum sein. Pinguine, See-Elefanten und unzählige Vogelarten hingegen lieben diese Bedingungen.

Viel Fläche, wenig Menschen

Knapp 3.000 Kelper – so nennen sich die Bewohner der Falklandinseln selber – leben auf etwa 200 Inseln mit einer Gesamtfläche von ca. 12.000 Quadratkilometern. Sie bewohnen somit eine Fläche von der Größe Nordirlands, die durch einen 20 Kilometer breiten Sund in die beiden Hauptinseln Westfalkland (Isla Soledad) und Ostfalkland (Isla Gran Malvina) geteilt ist. Die Hauptstadt Stanley mit ihrem Binnenhafen und dem zentralen Flughafen und die britische Militärbasis Mount Pleasant befinden sich auf der östlichen Hauptinsel, auf der auch die meisten der Einwohner leben.

Die Inseln erscheinen schroff und sehr flach. Nur in den nördlichen Gebieten erstrecken sich einige Hügelketten aus Quarzfels in Ost-West-Richtung und erreichen mit den Erhebungen Mount Usborne auf der Ostinsel und Mount Adam auf der Westinsel

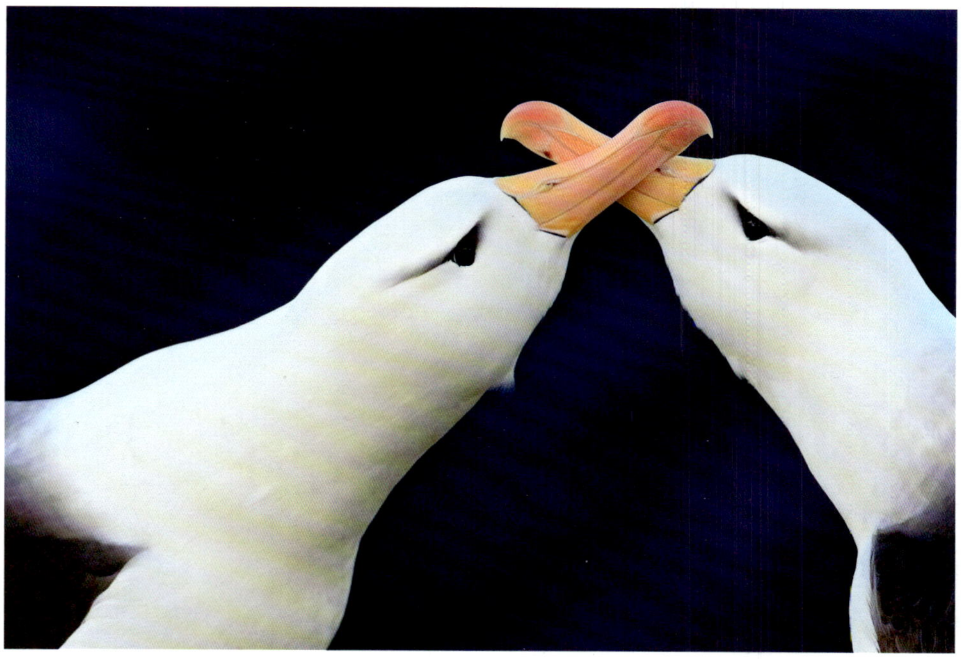
Die Begrüßung von zwei Schwarzbrauenalbatrossen.

Vorherige Seiten:

Eselspinguine im Schneetreiben auf Sea Lion Island; 2009 war das erste Jahr, in dem es schon im November geschneit hat.

Eselspinguinkolonien vom Flugzeug aus fotografiert. Der Falkland Islands Government Air Service (FIGAS) fliegt mit Kleinflugzeugen (acht Sitze).

Auge eines Schwarzbrauenalbatros auf Saunders Island, The Neck.

Links oben: Begrüßung eines Schwarzbrauenalbatros-Paares auf Saunders Island, The Neck.

Links unten: Schwarzbrauenalbatros, Saunders Island, Rookery.

Rechts oben: Eine Magellandrossel auf Sea Lion Island. Die Singvögel auf den Falklandinseln sind meist sehr zutraulich.

700 Meter Höhe. Die Ostinsel ist zudem in eine nördliche und eine südliche Hälfte geteilt, die nur durch eine schmale Landbrücke von knapp zwei Kilometern Breite verbunden werden.

Im 16. Jahrhundert fuhren angeblich einige Entdecker an der Inselgruppe vorbei, doch lange hat die Insel niemand betreten. Wer die Inseln zuerst entdeckt hat, darüber wurde ausgiebig gestritten. War es der Brite John Davis? Oder der Kapitän des spanischen Schiffs Incógnito? Vielleicht auch Sebalt de Weert, ein holländischer Seefahrer. Die Antwort wird wohl für immer im Unklaren bleiben. Gesichert ist jedoch, dass erst 1690 der Brite John Strong die Inseln betrat – fast 100 Jahre später.

Strong gab dem Sund zwischen den beiden Hauptinseln den Namen Falkland Channel, um damit einen britischen Politiker zu würdigen, und diese Bezeichnung übertrug sich später auf die ganze Inselgruppe. Da aber auch die Franzosen Truppen aus Saint-Malo auf den Inseln stationierten, gaben diese den Inseln einen anderen Namen, der sich an ihrer Heimat orientiert: Îles Malouines. Als die Inseln im 18. Jahrhundert an die Spanier verkauft wurden, prägten diese den Namen in Islas Malvinas um, und so gibt es heute zwei Bezeichnungen für die Inselgruppe: die Falklandinseln und die Malvinen.

Vorherige Seite:

Oben: Blick über den Leopard Beach auf Carcass Island.

Unten: Dichtes Schneetreiben auf Sea Lion Island.

Schiffswracks, ein Krieg und der Blick von oben

Die Falklandinseln waren bis zur Fertigstellung des Panamakanals 1914 ein gern angelaufenes Ziel für Seefahrer, die Kap Hoorn umschifften, und im Laufe der Jahrhunderte sind die schroffen Küsten auf diese Weise unzähligen Schiffen zum Verhängnis geworden. Bis zu 300 Wracks kennt man heute, und die eigens eingerichteten Wracktouren in der Bucht der Hauptstadt haben mittlerweile die Stadtführungen abgelöst.

Ein Königspinguin am Volunteer Point.

Vorherige Seite:

Oben: Ein aufdringlicher Südlicher See-Elefant auf Sea Lion Island.

Unten: Jüngere See-Elefantenbullen beim Spiel auf Sea Lion Island.

Die Sea Lion Island Lodge bietet eine schöne Aussicht auf Eselspinguinkolonien.

Traurige Berühmtheit erlangte die Inselgruppe 1982 durch den Falklandkrieg, als die argentinische Armee die Inseln überraschend besetzte und Großbritannien unter Margaret Thatcher umgehend eigene Truppen entsandte. 74 Tage währte die militärische Auseinandersetzung, an deren Ende die Briten siegreich hervorgingen. Zu einem hohen Preis: Beinahe 1.000 Soldaten wurden getötet, etwa 2.000 Menschen verwundet. Für Argentinien hatte die Niederlage allerdings noch weitreichendere Folgen: Die Militärjunta unter Leopoldo Galtieri wurde 1983 zugunsten einer demokratischen Regierung gestürzt.

Google Earth hat heute eine schöne Überraschung zu bieten, wenn man an der Küste des natürlichen Binnenhafens von Stanley virtuell entlang fliegt: In großen Lettern sticht ein greller Schriftzug ins Auge: Beagle, Endurance, Barracouta und Protector. Diese vier Schiffe der britischen Marine waren allesamt eng mit der Geschichte der Falklandinseln verbunden, und ihre Kommandanten werden auf diese ungewöhnliche Weise geehrt.

Ein Paradies für Kälte liebende Tiere und Pflanzen

Heide und Gräser – das ist der häufigste Bewuchs auf den Falklandinseln, denn die Temperaturen erreichen im Sommer selten 20° C und der Wind weht beständig. Wälder konnten sich wegen des sumpfigen Bodens gar nicht erst entwickeln, und die kleinen Birken, die in der Landschaft nach Halt suchen, werden meist nur einen knappen Meter hoch. Der Grund dafür ist in den 9.000 Jahre alten Mooren zu finden, die den größten Teil der Inseln bedecken und lange zum Abbau von Torf genutzt wurden. So war die

Eselspinguin-Küken vor dem wärmenden Bauch des Vaters.

erste Kirche der Inselgruppe aus Torf errichtet, und das getrocknete Material wurde zum Heizen der Häuser genutzt.

Berühmt sind heute die Kronsbeeren, die mit den Preiselbeeren verwandt sind und auch deren klare rote Farbe haben. Sie werden in großen Mengen gepflückt und zu Marmelade verarbeitet, die in den wenigen Souvenirshops an Touristen verkauft werden. Aber auch der Falkland-Lavendel und eine große Zahl anderer Blumen und Gräser überwuchern die urwüchsige Landschaft.

Interessanterweise gab es auf den Falklandinseln ursprünglich nur ein einziges Landsäugetier: den Falklandfuchs oder Falklandwolf. Vor allem der zweite Name wurde ihm bei der Einführung der Schafzucht zum Verhängnis, denn die Menschen sahen in ihm eine Bedrohung für ihre Tiere. In der Folge wurde er innerhalb weniger Jahrzehnte ausgerottet, und 1876 erschossen Farmer den Letzten seiner Art.

Heute leben etwa 600.000 Schafe auf den Inseln, die diesen einen weiteren Namen einbrachten: Schafstall der Nation. Die natürlichen Bewohner sind jedoch die 300.000 Magellangänse, 150.000 Albatrosse, 4.000 Seelöwen, unterschiedlichste Pinguinarten und über 140 Vogelarten, Orcas und andere Wale, See-Elefanten und Robben.

Besonders die unterschiedlichen Pinguine, die beinahe schon zu einem Wahrzeichen für die Falklandinseln geworden sind, ziehen immer wieder Fotografen auf die Inseln.

Links oben: Magellanpinguin auf Carcass Island.

Links Mitte: Eselspinguin am Volunteer Point.

Links unten: Eselspinguin bei Sandsturm auf Sea Lion Island.

Rechts oben: Magellanpinguine auf Sea Lion Island.

Königskormoran auf seinem Nest, Sea Lion Island.

Vorherige Seite:
„Tanzender" Eselspinguin auf Saunders Island, The Neck.

Königspinguine und Eselspinguine, Magellanpinguine, Goldschopfpinguine und Felsenpinguine bevölkern die Küsten. Sie balzen und brüten hier ihre Eier aus, sie stürzen sich in die wild tosenden Wellen und ernähren sich von dem Fischreichtum des Ozeans. Oder sie stolzieren einfach nur über die erstaunlich weißen Strände.

Königskormorane und Schwarzbrauenalbatrosse, Sturmvögel und Langschwanzstärlinge, Versikolorenten und die endemischen Falklandpieper, Nachtreiher und Falklandkarakara – die Inseln sind ein Paradies für Vogelliebhaber. Die Vögel haben ihre

Brutstätten in den steil abfallenden Felsenküsten und in den Mooren; sie ernähren sich vom Fisch des Meeres oder auch gerne mal vom Nachwuchs der Nachbarn.

Im Wasser leben die Südlichen See-Elefanten ebenso wie Mähnenrobben und die nicht ungefährlichen Orcas. Etwa 15.000 Südamerikanische Seebären besiedeln zudem die seichteren Küstengewässer, und mit ein wenig Glück entdeckt der Besucher die gemächlich vorbeiziehenden Wale: Pilotwale, Pottwale, Minkwale, Finnwale, Buckelwale, Blauwale und viele andere Arten durchstreifen die Gewässer rund um die Falklandinseln.

Oben: Truthahngeier, Saunders Island, The Neck.

2. von oben: Langschwanzstärling, Volunteer Point.

3. von oben: Nachtreiher, Sea Lion Island.

Unten: Schwarzbrauenalbatros, Saunders Island, The Neck.

FAHEY
4100
FAHEY

Zwei Großregionen unter einem Namen

Der äußerste Süden Südamerikas zeichnet sich durch eine deutlich kargere Landschaft und ein erheblich raueres Klima, als die nördlichen und mittleren Regionen des Kontinents aus. Wie eine natürliche Grenze teilen die Anden Patagonien in zwei Teile, den westlichen, der auf chilenischem Territorium liegt und an den Pazifik grenzt, und den östlichen, der sich in Argentinien und am Atlantik befindet. In Feuerland an der Südspitze Patagoniens werden die Anden flacher, und so treffen die niedrigeren Landstriche hier aufeinander. Atlantik und Pazifik begegnen sich, und die eisige Kälte der Antarktis wird spürbar. Wer hier überleben will, muss auf die klimatischen Bedingungen besonders gut eingestellt sein.

Westpatagonien und Patagonia Argentina

Nach Norden grenzt sich das chilenische Patagonien durch den Río Bío Bío und die Stadt Conceptión ab, nach Süden reicht es bis in die frostigen Gebiete Feuerlands. Die sich dazwischen erstreckende Kulturlandschaft könnte unterschiedlicher kaum sein: üppiger Regenwald, die gezackten Spitzen der Anden, unzählige große und kleine Inseln im Pazifik, karge Steppen, faszinierende Gletscher gigantischen Ausmaßes und schließlich das ewige Eis an der Südspitze des Kontinents.

Ab dem 38. Breitengrad, südlich des Rio Colorado, erstreckt sich in Argentinien auf einer Fläche von fast 800.000 Quadratkilometern und 2.000 Kilometern Länge ein Landstrich von der doppelten Größe Deutschlands, der unter dem Namen Patagonia

Detail des Zentralmassivs der Cordillera del Paine im Nationalpark Torres del Paine.

Vorherige Seiten:

Links: Fitz Roy (3.405 m).

Rechts: Ein männlicher Seelöwe auf Pinguin Island vor Porto Deseado.

Der noch aktive, schneebedeckte Vulkan Villarrica in der chilenischen Region Araucania.

Ein „Muss" für jeden Buenos-Aires-Besucher auf dem Weg nach Patagonien ist das Hafen- und Arbeiterviertel La Boca mit seinen Straßenmusikanten und dem argentinischen Tango.

Der rauchende Vulkan Villarrica, von Pucon aus gesehen.

Oben links: Kleine Gedenkstätte am Ortsausgang von Puerto Natales, Region de Magallanaes. Zu Ehren von Difunta Correa, der Schutzpatronin der Lkw-Fahrer und Reisenden, werden Wasserflaschen abgelegt.

Oben rechts: Die Häuser aus Wellblech und Dachlatten im Arbeiter- und Hafenviertel La Boca sind mit Schiffslack angemalt.

Vorherige Seite:

Einheimische Frauen verkaufen selbst gemachten Schmuck.

Argentina zusammengefasst wird, aber doch sehr unterschiedliche Naturräume in sich vereint. Im Westen erheben sich die Anden mit ihren gigantischen Gletschern bis in schwindelnde Höhen, im Norden prägen weite Steppen das Bild, im Osten fällt die Steilküste schroff in den Atlantik ab und im Süden haben eisige Winde Mensch und Tier fest im Griff. In seinem Reiseroman „In Patagonien" beschäftigte sich der Schriftsteller Bruce Chatwin mit dieser sagenhaften Landschaft und rückte sie dadurch berechtigterweise in den Fokus der Betrachtung.

Die mit Abstand größte Fläche des argentinischen Patagonien nimmt die Region Zentralpatagonien ein. Und sie bietet zugleich die unspektakulärste Natur der ansonsten so faszinierenden Großlandschaft: Weite Steppen, Hochebenen und unendlich wirkende Ebenen werden kaum von Bäumen oder Hügeln unterbrochen. Nur ein paar versteinerte Wälder bieten eine Attraktion für die Touristen, die sich in diese Ödnis verirren. Ansonsten beherrschen Schafe und Viehgatter die Ebenen, durch die sich vereinzelte Straßen ziehen, die ins Nichts zu führen scheinen.

Während die Anden im Norden Höhen von fast 7.000 Metern erreichen, sinken sie in Richtung Süden allmählich ab und sind hier auch schmaler. Dennoch bilden sie eine klimatische Grenze, da die vom Pazifik mit Feuchtigkeit voll gesogene Luft an ihnen aufsteigt, sich abkühlt und in der Folge Wolken bildet, die sehr viel Regen in diese Region bringen. Üppiger, wenn auch kalter Regenwald wuchert in Araukanien, dem Norden Westpatagoniens. Flechten und Farne, Bambus und Fuchsien treiben in alle Himmels-

REFUGIO PUDETO
SOLO PARA MOCHILEROS

Vorherige Seite:

Oben: Einfache Schutzhütte im Nationalpark Torres del Paine.

Unten links: Dieses Denkmal an der Uferpromenade von Puerto Montt erinnert an die ersten deutschen Einwanderer.

Unten rechts: Eine etwa drei Meter hohe Skulptur mit einer Kamera in der Hand, direkt an der Durchgangsstraße von Rio Grande, der zweitgrößten Stadt von Tierra del Fuego.

richtungen aus. Weiter im Süden, im chilenischen Seengebiet, das auch die chilenische Schweiz genannt wird, erscheint die Landschaft fast wie ein überdimensionierter Park. Ein See liegt neben dem anderen, zwei Vulkane – der Osorno und der Villarica, die durch ihre klassische Form beinahe künstlich aussehen – erheben sich darüber und sind weithin sichtbar. Ehemals war auch diese Gegend dicht bewaldet, doch gegen Ende des 19. Jahrhunderts haben vor allem deutsche Einwanderer dem Urwald Einhalt geboten und ihn kurzerhand weiträumig abgeholzt.

Auch im nördlichen Teil von Patagonia Argentina befindet sich ein Seengebiet – der Übergang von den steilen Höhen der Anden hinunter bis in die Steppen der weiten Ebenen. Und entsprechend der chilenischen Schweiz auf der westlichen Seite der Berge bezeichnet man die bewaldete Landschaft auf der Ostseite der Anden als argentinische Schweiz. Idyllische Seen reihen sich aneinander, an deren Ufern im Herbst die Südbuchenwälder in roter Farbenpracht aufleuchten. Weiter im Süden verläuft die chilenisch-argentinische Grenze quer über die Gipfel der Anden, die eine Wasserscheide zwischen Atlantik und Pazifik bilden. Die Wälder sind hier zwar nicht so dicht wie auf der chilenischen Seite und daher erheblich besser zugänglich, werden jedoch immer mehr für die Schafzucht zurückgedrängt.

Eisfelder, Magallanes und Feuerland

Die chilenische Küstenkodillere läuft südlich von Puerto Montt nach und nach aus, bildet die große Insel Chiloé, zerfasert dann an der Pazifikküste zu einem Gewirr aus Inseln

Unten: Der Lago Argentino. Im Hintergrund die schneebedeckten Gipfel der südlichen Cordillera de los Andes.

FLY FISHING "CHALU"
ANTONÍA-I
LL-3326
LL-3326

Oben: Der Lago General Carrera liegt direkt an der Abenteuerstraße Carratera Austral und ist für seine landschaftliche Schönheit berühmt. Glasklares, smaragdfarbenes Wasser kontrastiert mit schneebedeckten Gipfeln und unzähligen Inseln im See. Bei Puerto Tranquilo hat der See ein angrenzendes Marmormassiv unterhöhlt und poliert. In die Höhlen und Marmorkathedralen kann man sich mit einem kleinen Boot hineinfahren lassen.

Unten: Gipfelsturm auf den Villarrica, einen 2.840 m hohen Vulkan in Chile, der in der an Argentinien grenzenden Region Araucanía liegt. Das kleine Städtchen Pucon in der Nähe des Vulkans ist die chilenische Hochburg für Abenteuer- und Sporttourimus, was wohl nicht zu zuletzt der imposanten Kulisse des Villarica zu verdanken ist. Der Bilderbuchvulkan erinnert mit stetigen Rauchzeichen daran, dass er zu den aktivsten Vulkanen Südamerikas gehört. In den letzten 500 Jahren wurden über 50 Ausbrüche registriert. Die jüngste Eruption ereignete sich 2011.

und überlässt die bergigen Höhen der Hauptkette der Anden. In dieser Region künden die ersten großen Gletscher von der Nähe zum südlichen Polarkreis, wenn auch die Entfernung bis zum Südpol noch der des Bodensees zum Nordpol gleicht. Eine gewundene, nur zum Teil befestigte Straße, die Carretera Austral, ist die letzte Möglichkeit, diese Region von Chile aus zu erreichen. Der langjährige chilenische Diktator Augusto Pinochet ließ für sie aus militärischen Gründen längs der argentinischen Grenze eine Schneise in den unzugänglichen Urwald schlagen, die heute die Wirtschaft ankurbeln und Touristen in das Land bringen soll.

Zwischen zwei großen Eisflächen, dem nordpatagonischen und dem südpatagonischen Eisfeld, endet diese Straße an einem der tief in das Land eingeschnittenen Fjorde. Von nun an muss der Besucher Westpatagoniens sein Ziel entweder vom Meer, aus der Luft oder über die argentinische Grenze erreichen. Dort zieht der Nationalpark Los Glaciares mit seinen 6.000 Quadratkilometern jedes Jahr viele Touristen an. 14 Gletscher, die von den patagonischen Eisfeldern genährt werden, suchen sich ihren Weg durch die Berge und stürzen immer wieder spektakulär in die Seen der argentinischen Anden.

Vorherige Seite:

Eine alte britische Dampfmaschine mit dem Vulkan Osorno im Hintergrund. Das Gebiet um den Vulkan wird wegen seine Fruchtbarkeit landwirtschaftlich intensiv genutzt. Farmen mit großen Kulturflächen prägen das Bild.

Vorherige Seite:

Oben: Dieser Baum an der Küste von Porto Deseado soll der Weinmarke Ventus als Symbol auf den Etiketten der Weinflaschen dienen.

Unten links: Am Ufer des Rio Ibañez befindet sich ein gespenstisches, mit verkohlten Bäumen bestandenes Tal. Dieser Bosque Muerto (toter Wald) erinnert an den Ausbruch des Vulkans Cerro Hudson im Jahre 1991.

Kleine Bilder von oben:

Ein Alpaka-Junges mit seiner Mutter. Das Alpaka ist eine aus dem südamerikanischen Andenraum stammende Kamelart und heute in Peru, Bolivien und Chile heimisch.

Ein Fuchs besucht am frühen Morgen ein Camp. Die Tiere kommen fast täglich und suchen nach Futter.

Wer vergeblich auf Orcas wartet, kann schöne Bilder der dort zahlreich beheimateten Gürteltiere schießen.

Der Perito-Moreno-Gletscher im nach ihm benannten Nationalpark ragt 60 Meter in die Höhe und erstreckt sich dabei auf einer Breite von zwei Kilometern. Jeden Tag schiebt er sich zwei Meter weiter ins Wasser hinein und wer sich nah genug an ihn herantraut, der wird das unvergleichliche Knacken und Ächzen des Eises hören. Mittlerweile ist der Gletscher von der UNESCO in die Liste des Weltnaturerbes aufgenommen worden.

Auf der Pazifikseite beginnt ab dieser Breite ein weiterer landschaftlicher Abschnitt: Die Magallanes, die sich bis Feuerland erstrecken. Die Küste ist in zahllose Inseln aufgefächert, zwischen denen sich Kanäle und Fjorde hindurchschlängeln. Die Anden werden in dieser Region immer niedriger, und ein erster Fjord durchschneidet sie sogar gänzlich. Hier ist das Klima alles andere als menschenfreundlich, und die Bevölkerungszahl liegt gerade noch bei einem Einwohner pro Quadratkilometer.

Südlich der Magallanes folgt nur noch Feuerland. Die Magellanstraße trennt den südamerikanischen Kontinent von diesem südlich vorgelagerten Archipel, das immerhin noch die Größe Irlands hat und sich in ein chilenisches und ein argentinisches Territorium aufteilt. Allerdings leben auf dem chilenischen Teil nur etwa 8.000 Menschen – von dichter Besiedlung kann man da nicht mehr sprechen. In Feuerland endet die Nord-Süd-Ausrichtung der Anden und wird zu einer Ost-West-Achse. Doch das Gebirge erreicht auch hier noch Höhen von fast 2.500 Metern, die teilweise von Gletschern bedeckt sind. In den niedrigeren Regionen findet man jedoch auch noch Regenwald und Halbwüsten.

Farbenfroher Lago General Carrera bei Puerto Guadal.

Tiere und Pflanzen, die sich der Kälte angepasst haben

Entlang der chilenischen Küste Patagoniens beherrscht Regenwald die Landschaft. Trotz der niedrigen Temperaturen und des eisigen Windes, der vom Pazifik her darüberzieht, ist an dieser Küste die größte Konzentration an Biomasse weltweit zu finden. Die von den Regenwäldern anderer Kontinente völlig abgeschnittene Lage bringt ein besonderes Phänomen mit sich: Etwa 90 Prozent aller Pflanzenarten des chilenischen Regenwaldes sind endemisch, das bedeutet, dass sie nur hier vorkommen.

Durch die Nähe zum Südpolarmeer sinkt die Baumgrenze in Patagonien mit jedem Kilometer weiter ab. Während sie in Araukanien noch bei 1.500 Metern liegt, wachsen in Feuerland schon oberhalb von 600 Metern keine Bäume mehr.

Der Norden wird von den archaisch anmutenden Araukarien dominiert, die ihre Zweige wie einen Regenschirm über den kalten Boden ausbreiten. Seit 200 Millionen Jahren existieren diese faszinierenden Bäume schon in der jetzigen Form und bringen es auf ein Alter von bis zu 1.500 Jahren. Noch älter wird die Alerce oder Patagonische Zypresse, für die ein Alter von 3.600 Jahren dokumentiert ist. Dabei schiebt sie sich unendlich langsam bis auf 50 Meter Höhe nach oben und erreicht zuweilen einen Durchmesser von fünf Metern. Und sie hat eine weitere, wenn auch traurigere Besonderheit aufzuweisen: Sie steht als eine von zwei Baumarten im Anhang I des Washingtoner Artenschutzabkommens und zählt somit zu den unmittelbar vom Aussterben bedrohten Arten – so wie unter den Tieren der Grönlandwal, die Berggorillas oder der Braunbär.

Typische Wohnsiedlung und dichter Regenwald im patagonischen Cochamo-Tal. Die Gegend ist bis heute noch ein echter Geheimtipp und liegt ziemlich abgelegen von jeder Zivilsation. Lediglich unter Abenteurern, Outdoor-Sportlern und Aussteigern hat sich die Schönheit dieses Landstrichs schon herumgesprochen.

Oben links: Das Zentralmassiv des Torres mit „Ufo"-Wolken und dem Lago Sarmiento im Vordergrund.

Oben rechts: Ein „Ufo" ist weitergeflogen zum Fitz Roy – sehr häufig bilden sich hier faszinierende Wolkenformationen.

Fuchsien und Wasserfallblumen, die Chilenische Wachsglocke und Nalcas – vor allem der bekannteste Nationalpark Chiles, die Torres del Paine, hat eine unvergleichliche Artenvielfalt zu bieten. Hier und in den Arealen weiter südlich ist der Bewuchs meist nicht mehr so dicht wie im Norden. Flechten und Moose bedecken die Bäume und lassen die Landschaft wie aus einem Fantasy-Film entsprungen erscheinen.

Auch in Patagonien streifen noch Pumas durch die Landschaft, wenn sie dem Besucher auch nur selten vor die Augen oder Kameras kommen. Alle Befürchtungen, diese Raubkatzen könnten dem Menschen gefährlich werden, sind unbegründet, denn sie greifen nur dann an, wenn sie verletzt sind oder sich in die Enge gedrängt fühlen.

Der Andenkondor, der lange Zeit gejagt wurde, da man in ihm eine Bedrohung für das Vieh sah und nicht wusste, dass die majestätischen Vögel hauptsächlich Aasfresser sind, lebt hier genauso wie die ebenfalls bedrohten Andenhirsche. Die Huemuls, wie die Hirsche auch genannt werden, werden jedoch nach und nach durch den in Chile nicht heimischen Rothirsch aus ihrem Lebensraum verdrängt.

Unten: Guanako mit Jungtier.

Guanakos kann der Besucher hier ebenfalls entdecken, auch wenn die Bestände seit der Ankunft der Spanier von geschätzten 50 Millionen auf heute 600.000 Tiere zurückgegangen sind. Doch am auffälligsten sind die zahlreichen Papageien, die in großen Schwärmen in den Bäumen sitzen, und die winzigen Kolibris, die sich vom Nektar der Blütenpflanzen ernähren.

Oben: Dieser versteinerte Wald im Monumento Natural Bosques Petrificados José Ormalchea in der argentinischen Provinz Nata Cruz kostet keinen Eintritt, ist aber auch nicht leicht zu finden.

Vorherige Seite:

Die grauen Granittürme des Torre Norte (2.600 m), des Torre Central (2.800 m) und des Torre Sur (2.850 m) im Nationalpark Torres del Paine. Sie sind durch Eis, Wind und Regen zu ihrer heutigen Form erodiert.

Eis und Schnee dominieren den Süden

Je südlicher der Besucher vordringt, desto mehr Magellanpinguine wird er in riesigen Kolonien auf den zerfurchten Felsen der patagonischen Küsten zu Gesicht bekommen. Die Felsen und Strände werden aber auch von Mähnenrobben und See-Elefanten bevölkert, die eine Länge von sechseinhalb Metern erreichen können und dann dreieinhalb Tonnen Gewicht auf die Waage bringen. Delfine, Bartenwale und Buckelwale durchstreifen die Gewässer vor Patagonien und ziehen immer mehr Besucher an, die mit ihren Kameras darauf warten, die Tiere abtauchen oder miteinander balzen zu sehen.

An den Küsten Westpatagoniens fallen die Berge besonders ins Auge. Steil und zerklüftet, mit Schnee und Eis bedeckt ragen sie schroff in den Himmel. Unterhalb von ihnen schieben sich eisige Gletscher, die viele tausend Jahre alt sein können, Zentimeter um Zentimeter in den Pazifik. Da diese gewaltigen Eismassen permanent in Bewe-

Oben: Kalbender Perito-Moreno-Gletscher – ein leider gar nicht so seltenes Naturschauspiel.

Vorherige Seite:

Der tief blaue Lago Llanquihue mit dem Vulkan Osorno im Hintergrund. Der Osorno mit seinen 2.652 Meter Höhe befindet sich im Süden Chiles, einige Kilometer östlich des Llanquihue-Sees. Auf Grund seiner symmetrischen Kegelform gilt der Osorno als die chilenische Ausgabe des bekannten japanischen Fuji. Am Fuß des Vulkans gibt es beeindruckende Wasserfälle und Stromschnellen wie die Saltos de Petrohué, die ein beliebter Hot-Spot für Rafting-Touren sind. Die gesamte Gegend eignet sich für allerlei Outdoor-Aktivitäten wie Bergsteigen, Skifahren, Rafting und Canyoning.

gung sind, stürzen immer wieder haushohe Stücke aus ihnen ins Meer – die Gletscher kalben.

Patagonia Argentina: Schroffe Küsten und unzählige Schafe

An der Atlantikküste präsentiert sich die Landschaft vollkommen anders: Hier stürzen Felsen steil in den Ozean ab, der gefährlich an ihnen leckt. An dieser Küste schlängelt sich auch die einzige Nord-Süd-Verbindung Patagoniens über 2.000 Kilometer entlang. Nur etwa zwei Millionen Menschen leben in diesem riesigen Areal zwischen den Anden und dem Atlantik, zwischen Rio Colorado und Feuerland, und so stellt sich der Landstrich als eine extrem dünn besiedelte Gegend dar. Über acht Millionen Schafe werden auf dem gleichen Gebiet in riesigen Farmen gehalten und verhelfen Patagonien zum Status eines wichtigen Wirtschaftsstandorts, in dem die Löhne deutlich höher sind als in der Hauptstadt Buenos Aires. Und wegen der weiten Naturräume liegt es nahe, dass der Staat in dieser fast menschenleeren Gegend 27 unterschiedlichste Schutzgebiete eingerichtet hat, die einem Hauptziel folgen: die Natur der Natur zurückzugeben.

Der Nordosten des argentinischen Patagonien, die Pampas mit ihren trockenen Steppen und kontinentalem Klima, präsentiert sich trocken und mit immer währendem Wind. Die Anden hindern die Regenwolken daran, von Westen bis hierher vorzudringen. Weiter im Süden, in Richtung Feuerland werden die Berge jedoch immer niedriger und das Klima feuchter und kühler. Breite Flüsse durchziehen

Patagonisches Lichtspektakel an einer Flanke des Cerro Castillo im Abendlicht. Das Cerro-Castillo-Massiv (2.318 m) im gleichnamigen Naturschutzpark hat seinen Namen seiner eigentümlichen Silhouette zu verdanken, die mit etwas Fantasie an ein Märchenschloss erinnert. Gerade in der Dämmerung kann man in dieser Gegend oft beeindruckende Licht- und Wolkenspiele beobachten, die zusammen mit der Bergformation eine wahrhaft mystische Atmosphäre verbreiten.

Vorherige Seite:

Oben: Die ersten Vorboten auf dem Weg zum Gletscher San Rafael.

Mitte: Eismassen des Grey-Gletschers im Lago Grey Nationalpark.

Unten: Das alte Eis am Gletscher San Rafael (älter als 10.000 Jahre) enthält kaum noch Luft; dadurch wirkt es wie Glas.

daher die Landschaft und ermöglichen es ein Drittel der landesweit benötigten Energie aus Wasserkraft zu erzeugen. Auch Erdöl wird hier gefördert und Aluminium abgebaut.

In den fruchtbaren Tälern des Río Negro und des Río Chubut wird Obst und vieles mehr angebaut: Weizen und Wein, Zucker und Reis, Bananen und Tee werden von hier aus in alle Welt exportiert. Und natürlich stehen auf den Weiden dieser ansonsten recht trostlosen Steppen die berühmten Angus-Rinder, die sich zu einem regelrechten Exportschlager entwickelt haben. Dabei bewegt sich die Entwicklung immer mehr in Richtung diversifizierter Bio-Anbau, und heute ist Argentinien nach Australien das Land mit den größten Flächen für ökologische Landwirtschaft.

Riesige Nationalparks

Die globale Klimaerwärmung hinterlässt ihre Spuren auch in diesem Land, das in den unendlichen Steppen schon von je her mit starker Trockenheit zu kämpfen hatte. Durch die Klimaerwärmung der letzten Jahrzehnte haben sich die Gletscher und Eisflächen in Patagonien unverhältnismäßig schnell reduziert. Schätzungen zufolge, werden einige der Gletscher und Eiskappen Patagoniens 2030 verschwunden sein.

Das nordpatagonische Eisfeld beispielsweise verlor seit Mitte des 20. Jahrhunderts bereits mehr als 200 Quadratkilometer vergletscherter Flächen. Und der Upsala-Gletscher ist innerhalb eines Jahres um einen Kilometer geschrumpft. Das ist im Verhältnis

deutlich mehr, als die Gletscher an anderen Orten der Welt im gleichen Zeitraum verloren haben. Durch das Abtauen der Eisflächen wird sich das Gesamtklima der Region dramatisch verändern – die Folgen für die Landschaft lassen sich heute noch nicht abschätzen. Zusätzlich zerstören riesige Waldbrände jedes Jahr tausende Hektar Wald. Darüber hinaus werden jährlich etwa 250.000 Hektar Wald gezielt gerodet, um neue Weiden für Schafe und Rinder zu schaffen. Um diesem Prozess Einhalt zu gebieten, sind zahlreiche Schutzzonen errichtet worden, die mittlerweile zwei Prozent der Fläche Argentiniens ausmachen.

Unter ihnen ist der Nationalpark Tierra del Fuego sicherlich einer der bekanntesten. Das Reservat an der Spitze Feuerlands ist mit seinen über 60.000 Hektar allerdings nur zum Teil für Besucher zugänglich. Schotterpisten und Wanderwege ermöglichen die Erkundung der einzigartigen Landschaft, die von Gletscherflüssen durchzogen ist.

Die Halbinsel Valdés, deren Salzseen teilweise unterhalb des Meeresspiegels liegen, steht unter dem Schutz der UNESCO. Hier kann man mit etwas Glück den bis zu 18 Meter langen Südkaper beim Liebesspiel beobachten. Diese Wale wandern in den Wintermonaten hierher, um sich im Sommer wieder in den Süden zurückzuziehen. In großen Kolonien tummeln sich hier an den Küsten auch Magellanpinguine, Seelöwen und See-Elefanten, und zehntausende Seevögel nisten in den steilen Bruchkanten oberhalb der langgestreckten Strände.

Der alte Leuchtturm und die stillgelegte Lebertranfabrik auf Penguin Island vor Porto Deseado. Bis Anfang der 1980er Jahre wurden hier Seelöwen getötet und ihr Fett zu Lebertran verarbeitet. Dabei wurden Pinguine zum Heizen der Anlage verwendet. Heute sind daher vor allem die Seelöwen immer noch scheu gegenüber dem Menschen. Die Angst wurde über Generationen weitergegeben.

Eine Kolonie von 25.000 Kormoranen auf einer vorgelagerten Insel in der Flussmündung des Rio Deseado. Hier befinden sich auf jedem Quadratmeter fünf Nester. Maximal zwei Personen am Tag dürfen sich vorsichtig den Tieren nähern.

Südlich der Halbinsel Valdés befindet sich an der argentinischen Atlantikküste das Naturreservat Cabo dos Bahias, wo wiederum tausende Magellanpinguine in Erdhöhlen nisten. Vor allem im März und April, wenn die Tiere in der Mauser sind und das Wasser einige Wochen meiden, sind sie sehr gut zu beobachten, da sie in dieser Zeit die Neubildung ihres Federkleides abwarten müssen und keine Nahrung zu sich nehmen. Mitten in diesem Naturschutzgebiet liegt ein interessanter Campingplatz, auf dem der Besucher nachts Gürteltieren, Füchsen und Guanakos begegnet. Und

auch Nandus, Flamingos und zahlreiche Wasservögel haben dieses Areal zu ihrer Heimat erkoren.

Kormorane, Pinguine und Meeressäuger

Im Gegensatz zur argentinischen Hauptstadt Buenos Aires mit ihren geschätzten zwölf Millionen Einwohnerr erscheint die Küstenstadt Puerto Deseado winzig – hier leben nur 10.000 Menschen. An diesem Ort mündet jedoch auch der gleichnamige

Oben: Königskormoran oder auch Blauaugenkormoran.

2. von oben: Nistende Königskormorane.

3. von oben: Graukormoran-Pärchen.

Unten: Dominikaner-Möwen sind Nesträuber, die es auf den Pinguinnachwuchs abgesehen haben; sie greifen aber auch gerne mal Fotografen an. Im Hintergrund zwei Blutschnabel-Möwen.

Fluss Río Deseado, an dessen Mündung Austernfischer, Kormorane und viele andere Wasservögel balzen und brüten.

Im Atlantik vor Puerto Deseado liegen abgeschiedene Inseln, auf denen neben Seelöwen und anderen Meeressäugern weitere große Komorankolonien zu entdecken sind: Graukormorane, Imperialkormorane und Felsenkormorane bauen hier ihre Nester und ziehen ihre Jungen groß.

Auch die nördlichste Kolonie von Felsenpinguinen mit einer Population von etwa 800 Paaren ist auf diesen Inseln zu finden – und etwa 60.000 Magellanpinguine leben dort. Der Aufenthalt auf diesen Inseln ist für Menschen jedoch kein Vergnügen, da sich der durchdringende Gestank nach Kot und Urin tief in die Nasenschleimhäute frisst. Schon wenn man sich den Inseln mit dem Schiff nähert, riecht man die Ausscheidungen der Seelöwen, Pinguine und Vögel sehr deutlich.

Orcas

Neben den bereits erwähnten Walen leben vor den Küsten Patagoniens auch Orcas, die seit vielen Jahren vor der Halbinsel Valdes einen 50 Meter breiten Streifen zur Jagd auf Seelöwen nutzen. Vor allem auf die Jungtiere haben es die großen Schwertwale dabei abgesehen, da sich diese noch nicht gegen die Angriffe zu Wehr setzen können. Ausgewachsene Seelöwen hingegen haben meist keine Gefahr zu befürchten, weil sie den Orcas schmerzhafte Verletzungen zufügen können. Das abgesperrte Territorium in

Links: Der Besuch bei den Felsenpinguinen von Penguin Island ist ein wahres Erlebnis.

Rechts: Umarmung zweier Magellanpinguine am Strand. Für das Bild musste der Fotograf am Kiesstrand inmitten von Kot liegend ausharren.

Vorherige Seite:

Oben: Zur Aufzucht der Jungtiere kommen die See-Elefanten aus der Antarktis an die Küste von Punta Norte.

Unten: Impression in einer Seelöwenkolonie.

der Nähe von Punta Norte ist allerdings für Besucher stark eingeschränkt: Jede Woche dürfen nur maximal sechs Personen mit einer Sondergenehmigung den Küstenstreifen betreten.

Musik, Tango und mehr

Patagonien ist ein Landstrich voller Unterschiede, die schon bei der Ankunft ins Auge treten. Viele Besucher reisen über Buenos Aires in diese abwechslungsreiche Gegend, über eine Metropole, die nicht nur riesige Slums um sich schart, sondern unter anderem von ihrer Musik lebt. Vor allem in den Abendstunden treffen sich die Einwohner der gigantischen Stadt in den Bars und auf den Plätzen, um ihre Musik zu spielen, den typischen argentinischen Tango zu tanzen oder einfach nur der Musik zu lauschen und den sich elegant gegen den Uhrzeigersinn drehenden Paaren zuzusehen.

Unten: Etwa 1.300 Südliche Glattwale tummeln sich jährlich im Frühjahr zur Paarung und Geburt an der argentinischen Atlantikküste Patagoniens. Start für Bootsausfahrten ist Puerto Pyramides.

Rechts: Glattwale können minutenlang senkrecht im Wasser „stehen“ und ihre Fluke zeigen. Damit regulieren sie ihre Körpertemperatur.

Rechte Seite oben: Musiker vor einem Straßencafé im Hafen- und Arbeiterviertel La Boca in Buenos Aires.

Rechte Seite unten: San Telmo ist ein beliebter, stimmungsvoller Stadtteil von Buenos Aires, wo Tangotänzer auf der Plaza Dorrego ihr Können zeigen.

Restaurant

Die Arche Noah der Neuzeit

Pantanal

Weite Landschaft aus Sümpfen, Flüssen und Savannen

Im Südwesten Brasiliens und – zu einem kleinen Teil – auf den Staatsgebieten von Paraguay und Bolivien bedeckt das Pantanal mit 230.000 Quadratkilometern beinahe eine Fläche in der Größe Großbritanniens. Damit ist es das größte Binnendelta der Welt. Die Hochebene Mato Grosso im Nordosten des Pantanal bildet eine Wasserscheide zwischen dem Amazonasbecken und dem Becken des Paraná Paraguay. Gewaltige Niederschlagsmengen strömen in der Regenzeit durch die anschwellenden Flüsse in das Feuchtgebiet, das wegen seines geringen Gefälles die Wassermassen nur sehr langsam wieder abfließen lässt. In diesem weitgehend unerschlossenen Gebiet haben unzählige Tier- und Pflanzenarten eine fast unberührte Heimat.

Der Artenreichtum ist akut gefährdet

Wenn im Zentrum Brasiliens die Regenzeit anbricht und sich die Schleusen des Himmels öffnen, dann strömt das Wasser die Hänge hinab und füllt das Pantanal allmählich auf. Zwei große Flüsse durchqueren dieses Delta: der Río Paraná im Süden und der Río Paraguay im Westen. Doch die Fließgeschwindigkeit dieser Ströme ist extrem langsam: Der Río Paraguay überwindet auf 600 Kilometern lediglich ein Gefälle von 30 Metern. Zum Vergleich: Der Rhein fließt auf seinen gut 1.000 Kilometern zwischen Bodensee und Nordsee fast 400 Höhenmeter hinab; allein im Stadtgebiet Kölns macht der Unterschied acht Meter aus. So wundert es nicht, dass sich die Landschaft des Pantanal zwischen Oktober und März in einen riesigen See verwandelt, der fast zwei Drittel der Fläche bedeckt. Der normale Wasserstand beträgt hier in dieser Hochwasserphase vier bis fünf Meter, in besonders niederschlagsreichen Jahren kann er aber auch schon mal auf neun Meter anwachsen.

Vorherige Seiten:

Abendrot im Pantanal.

Brüllaffen-Männchen mit zwei Weibchen. Die Männchen stoßen einen kehligen Laut aus, der weit zu hören ist und entfernt an das Brüllen afrikanischer Löwen erinnert.

Typische Pantanal-Flusslandschaft mit einem einsamen Kaiman.

Ein Riesentukan hautnah. Man sieht ihn nicht häufig, begegnet ihm jedoch manchmal, wenn er über die Flüsse fliegt. Sein auffälligstes Merkmal ist der riesige Schnabel. Er benutzt ihn, um größere Früchte zu pflücken, sie auszuquetschen und den Saft zu trinken.

Der Jabiru, das „Wappentier" des Pantanal auf seinem Nest.

Flusslandschaft am Abend.

Oben: Immer wieder beeindruckend und abwechslungsreich: das Abendrot im Pantanal.

Rechts: Mit einem Blattdurchmesser von zwei Metern und bis zu 70 kg Gewicht ist die Riesen-Seerose tatsächlich auch die größte Seerose der Welt. Früher gab es sie nur im Amazonasbecken, mittlerweile auch an einigen Stellen im Pantanal.

Vorherige Seite:

Oben: Eine Rinderherde im überschwemmten Pantanal, aufgenommen aus der Luft in der Nähe von Poconé.

Unten: Das nördliche Pantanal unterhalb von Poconé besteht größtenteils Teil aus Rinder- und Pferdefarmen. Die Tiere halten das Gelände offen, und nur ein kleiner Teil ist in dieser Region zum Nationalpark erklärt worden.

Zieht sich in der Zeit danach das Wasser zurück, so verwandelt sich die Gegend in ein Labyrinth aus Seen und Flüssen, Sümpfen und Lagunen. Große Flächen fallen trocken und machen Platz für weite Savannen und dichte Wälder, zwischen denen sich die Flüsse hindurchschlängeln. Die Trockenzeit lässt ganze Seen verschwinden, in denen Fische und Amphibien verenden und an deren Stelle Salzpfannen entstehen. Dieses Wechselspiel aus extremer Feuchtigkeit in der einen Hälfte des Jahres und der Trockenzeit in der anderen Hälfte hat im Laufe der Zeit zu einem besonders großen Artenreichtum geführt. Aus diesem Grund wurde das Pantanal im Jahr 2000 von der UNESCO zum Weltnaturerbe erklärt. Dennoch ist es heute nach wie vor durch die massive Abholzung der Wälder zur Schaffung von Platz für Viehzucht und Sojaanbau akut gefährdet.

In der Regenzeit dominieren tagsüber Temperaturen von bis zu 40 °C, in der Trockenzeit fällt das Thermometer auch schon mal bis auf den Gefrierpunkt. Diese Bedingungen haben einen nicht zu unterschätzenden Einfluss auf die Erschließung des Gebiets. Bis heute ist das Pantanal wenig erforscht, und da hier mehr Arten leben als in anderen Regionen der Welt, geht die Forschung davon aus, noch viele neue Arten entdecken zu können – wenn die Zerstörung nicht so schnell voranschreitet wie in den letzten Jahren. Zwar ist das gesamte Areal zum Biosphärenreservat erklärt worden, doch 17 Prozent des ursprünglichen Waldes sind bereits abgeholzt worden. Gold- und Diamantengräber haben die Gewässer mit vielen Tonnen Quecksilber verunreinigt, und noch immer sind die Felle der Raubkatzen und die Häute der Kaimane wertvolles Schmuggelgut, das die Taschen der Wilderer prall füllt.

Links oben: Ein Jabiru aus der Nähe.

Rechts oben: Das Gefieder und der lange spitze Schnabel des scheuen und selten zu sehenden Kappenreihers erinnern an die im venezianischen Karneval gebräuchlichen Masken.

Rechts unten: Schon von weitem hört man die lauten, krächzenden Kontaktrufe der Hyazinth-Aras. Die wunderschön kobaltblau gefärbten Vögel sind jedoch stark gefährdet. Ihr Nest bauen Sie in Baumhöhlen und mit ihrem kräftigen Schnabel knacken sie sogar Palmnüsse. Außerhalb der Brutsaison kann man die Vögel oft in Gruppen von sechs bis zehn Tieren umherstreichen sehen.

Das riesige Areal des Pantanal kann man kaum erschließen. Bis heute ist es zwar mit dem Auto zu umfahren, aber nicht zu durchqueren. Im Norden begann der brasilianische Staat in den 1970er Jahren mit dem Bau der Transpantaneira, einer Straße, die diesen Umstand ändern sollte. Doch die Straße, die zum größten Teil aus Sandpisten auf einem aufgeworfenen Damm besteht – der Rest sind über 120 Brücken aus Holz, deren Zustand alles andere als Vertrauen erweckend ist – muss nach jeder Regenzeit auf weiten Strecken wiederhergestellt werden. Die Kosten dafür steigen unerbittlich. So hat es die Transpantaneira bislang nur auf eine Länge von 145 Kilometer gebracht.

Von Papageien und Jaguaren

Über 650 Vogelarten wurden im Pantanal bis heute gezählt. Der berühmteste von ihnen ist der Jabiru, ein Storch, der mit seinem weißen Gefieder, dem schwarzen Kopf und Schnabel und dem grellroten Halsband zum Symbol für das Pantanal geworden ist. Aber auch der Hyazinth-Ara, die mit etwa einem Meter Länge größte Papageienart der Welt, ist typisch für das Feuchtgebiet. Kobaltblaue Federn und strahlend gelbe Umrandungen an Augen und Schnabel haben ihn jedoch zu einem so reizvollen Objekt für Vogelfänger gemacht, dass sein Bestand in freier Natur heute akut gefährdet ist.

Der in seinem Bestand deutlich zurückgegangene Fischbussard und der majestätische Schneckenweih sind Beispiele für Greifvögel im Pantanal. Neben dem Jabiru gibt es noch zwei weitere Störche in diesem Feuchtgebiet: den Maguaristorch und den Wald-

storch. Und mit dem Nandu lebt dort auch ein Vertreter der Laufvögel, der mit dem australischen Strauß verwandt ist, ebenfalls als gefährdet eingestuft wird und eine Größe von 1,40 Metern erreicht. Und natürlich gibt es hier unzählige Vögel, deren Lebensraum eng mit dem Wasser verbunden ist. In Europa ist von den Papageien der Gelbbrustara wohl am besten bekannt, denn er ist einer der klassischen Vögel, der bei uns immer wieder in Gefangenschaft vorkommt.

Einige Raubkatzen haben ihre Heimat ebenfalls in den Sümpfen und Savannen des Pantanal gefunden. Die größten unter ihnen sind der Jaguar und der Puma, die ursprünglich ebenfalls in Nordamerika beheimatet sind, dort jedoch kaum noch vorkommen. Die größten Bestände dieser eleganten Katzen befinden sich daher in Südamerika. Der Ozelot gehört auch zu den Raubkatzen des Pantanal, der sich den Lebensraum mit seinen Artverwandten teilt.

Auch hundeartige Raubtiere und Kleinbären verstecken sich in den teils trockenen, teils feuchten Gebieten des riesigen Areals, darunter der Mähnenwolf und der Waldhund. Sumpfhirsche äsen an den Flussufern, und der Capybara, ein Verwandter der Meerschweinchen, überquert die Wege. Nutrias, die auch Sumpfbiber genannt werden,

Links oben: Schopfkarakara-Portrait.

Links unten: Silberreiher auf der Suche nach Nahrung.

Rechts: Schwarzbussard mit einem frisch gefangenen Krebs.

schwimmen in den Bächen, kommen jedoch nicht den Riesenottern in die Quere, da sie im Gegensatz zu diesen Vegetarier sind.

Darüber hinaus gibt es mit den Schwarzen Brüllaffen und den Kapuzineraffen auch Primaten in den Wäldern des Pantanal zu entdecken. So hat man bis heute über 80 unterschiedliche Säugetierarten nachgewiesen und geht davon aus, dass sich in den Tiefen den unwegsamen Geländes einige weitere Arten verbergen.

Vorherige Seite:
Silhouette eines Jaribu auf dem Nest im Abendrot.

Brillenkaimane und Piranhas gilt es zu schützen

Das wohl charakteristischste Tier der Sümpfe und Flüsse des Pantanal ist der Brillenkaiman. Auf 35 Millionen Tiere schätzt man die Population heute, nachdem in den 1980er Jahren mehrere Millionen Tiere wegen ihrer schuppigen Haut getötet und zu Krokodillederhandtaschen verarbeitet wurden. Vor allem in den trockenen Phasen tummeln sie sich in den wenigen verbliebenen Wasserlöchern und hoffen hier auf Beute. Da sie eine Länge von bis zu 2,50 Meter erreichen, können ihnen die ebenfalls in den feuchten

Brillenkaimane gibt es heute wieder zahlreich im Pantanal. Einer von ihnen schwimmt gerne nah an Boote heran, lässt sich füttern und anfassen und erhielt den Namen Zico nach einem brasilianischen Fußballspieler (auch bekannt als der weiße Pelé).

Oben: Gelbbrustaras sind auf dem südamerikanischen Kontinent weit verbreitet. Die Aufnahme entstand an einem See in der Nähe von Nobres im nördlichen Pantanal.

Unten: Dieser Grünreiher hatte den Frosch wohl gefunden, kam aufgrund der Größe aber nicht damit zurecht und verlor ihn später an einen anderen Vogel.

Arealen lebenden Anakondas mit ihren bis neun Metern Länge nur in Ausnahmefällen zur ernsthaften Gefahr werden.

270 unterschiedliche Fischarten vermutet man heute im Wasser des Pantanal, dessen sagenumwobenen und bekanntesten Bewohner die Piranhas sind. Die Legendenbildung um diese je nach Unterart 15 bis 40 Zentimeter großen Fische wurde durch die ersten Forscher begründet, die mit den Raubfischen konfrontiert waren. Alexander von Humboldt beschrieb sie als Tiere, die einem Menschen ohne weiteres ansehnliche Stücke Fleisch aus dem Körper beißen könnten, wenn man in ein Gewässer mit ihnen steige. Tatsächlich sind die Fälle, in denen Piranhas Menschen angegriffen haben, nur

Links oben: An der Transpantaneira stehen ab und zu markante alte Bäume, die sich hervorragend als Kulisse spektakulärer Sonnenuntergänge eignen. Manchmal wird man doppelt belohnt und findet darauf auch ruhende Waldstörche.

Rechte Seite oben: „Skeptisches" Haubenkapuzineräffchen.

Rechte Seite unten links: Kurz vor Sonnenuntergang schleichen sich zwei Haubenkapuzineräffchen vorsichtig an eine Wasserstelle heran.

Drei kleine Bilder rechte Seite von oben nach unten:

Die possierlichen übergroßen Capybara-Meerschweinchen sind im Pantanal häufig zu finden.

Der Riesenotter ist mit bis zu 20 kg Körpergewicht und einer Länge von zwei Metern der größte Otter.

Der Ozelot hält sich manchmal an Sandbänken bzw. in Ufernähe auf, sodass die Chance besteht, die Tiere – wenn auch nur für sehr kurze Zeit – zu sehen.

Vorherige Seite:

Oben: Rotbrustfischer

Unten: Aussehen und Verhalten des Linienspechts ähneln denen unseres europäischen Schwarzspechts, der allerdings größer ist.

sehr selten dokumentiert und stellten sich ausschließlich als Angelunfälle heraus, bei denen höchstens ein Finger in Mitleidenschaft gezogen wurde.

Was bringt die Zukunft?

Über 2.000 Pflanzenarten gibt es auf dem Gebiet des Pantanal, unzählige Amphibien und Insekten kriechen über den Boden und fliegen durch die Lüfte. Ein Areal von unermesslicher Weite, die unzugänglichen Landstriche, der sumpfige Untergrund, die sich ständig verändernden Wasserstände und Flussläufe – diese Bedingungen machen eine genaue Erforschung des Pantanal so gut wie unmöglich. Dabei wäre es dringend nötig, diesen Landstrich, der eine so große Artenvielfalt beherbergt, genau zu erforschen, bevor er durch den Menschen endgültig zerstört wird.

Wenn auch das gesamte Gebiet durch die UNESCO geschützt und die nationalen Schutzgebiete nach und nach ausgeweitet werden, so ist doch das Verständnis in der brasilianischen Bevölkerung für den Schutz der Sümpfe noch nicht sehr weit vorangeschritten. Noch immer werden die Vögel durch Schüsse aufgeschreckt und dadurch aus ihren Brutgebieten verscheucht. Noch immer werden die Felle der Jaguare und die Haut der Kaimane teuer verkauft und deren Bestände dadurch dezimiert. Und nur sehr langsam setzt sich in Brasilien Ökotourismus durch. Doch Ansätze zum Schutz dieses so unvergleichlichen Binnendeltas sind vorhanden, und so besteht die Hoffnung, auch in 50 Jahren noch den Jabiru im Wasser stehen zu sehen und den Jaguar beobachten zu können.

Anden, Atacama, Altiplano

Hochebenen und karge Wüsten

Entlang der Westküste Südamerikas erheben sich auf einer Gesamtlänge von 7.500 Kilometern die Anden, die damit die längste Gebirgskette der Erde sind. Die nördlichen Ausläufer beginnen in Venezuela aus dem Boden zu steigen, und in einer lang gezogenen S-Kurve erstreckt sich das Gebirge dann über Kolumbien, Ecuador, Peru, Bolivien und Chile bis nach Feuerland an der Südspitze des Kontinents. Auf diesem Weg teilt sich die Gebirgskette mehrfach – die Berge verlaufen parallel und treffen wieder aufeinander. Dadurch entstehen faszinierende Hochebenen, deren bekannteste der Altiplano auf einer Höhe von 3.600 Meter über dem Meeresspiegel ist. Aber auch die trockenste Wüste der Erde ist in dieser Region im Laufe von Jahrmillionen entstanden: die Atacama-Wüste direkt an der Pazifikküste in Peru, Bolivien, Argentinien und Chile.

Die Anden – Erdbeben, Vulkane, Geysire und heiße Gase

Die Anden als Gesamtheit zu erfassen – das scheint fast unmöglich, denn sie sind nicht so kompakt wie die Alpen oder der Himalaja. Im Süden ist das Gebirge gerade einmal 200 Kilometer breit, im nördlichen Bereich auf der Höhe der bolivianischen Hauptstadt Sucre reicht es mehr als 600 Kilometer ins Landesinnere hinein.

Vor etwa 150 Millionen Jahren haben sich hier auf tektonischer Ebene die Nasca-Platte und die südamerikanische Platte getroffen, was zunächst zur Bildung des heute über 8.000 Meter tiefen Atacamagrabens vor der chilenischen und des über 6.000 Meter tiefen Perugrabens vor der peruanischen Küste führte.

Am Fuß des Vulkans El Tatio liegt das höchstgelegene Geysirfeld der Erde, mit über 80 Geysiren gleichzeitig das größte auf der Südhalbkugel (das drittgrößte weltweit). Da die Geysire kurz nach Sonnenaufgang am aktivsten sind und man ihren heißen Wasserdampf dann am besten sieht, besucht man sie idealerweise am frühen Morgen.

Vorherige Seiten:

Während einer Jeep-Safari in der Atacama-Wüste am Vulkan Licancabur.

Bei einem Ausritt in San Pedro de Atacama fühlt man sich wie ein Cowboy.

Farbige Lagune nahe Machuca, Región Atacama (Region III), Chile.

Die beiden benachbarten Lagunen Miscanti und Miñiques liegen auf 4.200 Metern Höhe. Die gleichnamigen Vulkane sind beeindruckende 5.622 (Miscanti) und 5.910 Meter (Miñiques) hoch. Die Szenerie mit dem türkisen Lagunenwasser, umrahmt von schneeweißen Rändern, gelbem Ichugras, den orangenen Vulkanen und stahlblauem Himmel im Hintergrund ist ein berauschendes Farbenspiel.

Der Chimborazo (6.310 m) in Ecuador an der Straße der Vulkane – vom Berg Igualata (4.200 m) aus gesehen – gilt auch als der höchste Berg der Welt. Sein Gipfel ist weiter vom Erdkern entfernt, als die Spitze des Mount Everest, da die Erde genau genommen keine kreisrunde Kugel, sondern eher ein Oval ist.

Vor 60 Millionen Jahren begann dann die Aufwerfung, die die heutigen Anden hervorbrachte. Und noch immer ist diese Region seismisch aktiv: Allein Chile registriert jährlich bis zu 500 Erdbeben. Als Teil des pazifischen Feuerrings rund um den Pazifik entwickelte sich zudem rege vulkanische Aktivität – mehrere hundert Vulkane spuckten hier Feuer, etwa 50 von ihnen können heute noch jederzeit ausbrechen. Zu den als ruhend beschriebenen Vulkanen zählen der Ojos del Salado an der chilenisch-argentinischen Grenze, der mit 6.864 Metern höchste Vulkan der Erde, und der Monte Pissis (6.795 m) in Argentinien.

Im Geleit dieser Vulkane treten in den Anden auch weitere Phänomene auf: Aus fast 50 Geysiren schießt in regelmäßigen Abständen kochend heißes Wasser aus der Tiefe des Gesteins in die Höhe. Fumarolen stoßen permanent 200 bis 800 °C heiße Gase aus, die großteils aus Wasserdampf bestehen. Durch Oxidation und spezielle Bakterien erblühen die Areale um die Austrittslöcher herum in bunten Farben. Wenn dabei auch schwefelhaltige Dämpfe austreten, dann heißen diese Erscheinungen Solfataren, um die sich oft kleine Seen bilden, in denen die übel stinkenden Gase an die Oberfläche steigen.

Vorherige Seite:

Oben: Die Skyline von Santiago de Chile mit seinen Wolkenkratzern des Bankenviertels „Sanhattan" kurz nach Sonnenuntergang mit den Anden im Hintergrund.

Unten: Der Yeso-Stausee liegt in den zentralen Hochanden und ist etwa vier Stunden Fahrt von Santiago de Chile zu erreichen. Der intensiv türkisfarbene See speist sich aus dem Schmelzwasser der umliegenden Berge und sichert die Trinkwasserversorgung der Hauptstadt. Entlohnt wird man mit einer atemberaubenden Kulisse, umgeben von Bergen mit 4.000 bis über 6.000 Metern Höhe.

Gegensätzliche Ökosysteme und faszinierende Tierarten

Die Anden werden in fünf Vegetationszonen eingeteilt. In den niedrigsten Gebieten, der Tierra Caliente (span. „heißes Land") wuchert üppiger tropischer Regenwald, in dem Kakao, Bananen und Zuckerrohr wachsen. Ab 1.000 Metern Höhe wird die Landschaft zu tropischem Bergwald, der Tierra Templada („gemäßigtes Land"), der Kaffee-

Vorherige Seite:
Die wilde Landschaft im Queulat-Nationalpark

sträuchern, Tabak und Mais eine gute Grundlage bietet. Der tropische Höhen- und Nebelwald in der Tierra Fria („kühles Land") ab 2.000 Metern lässt anspruchslosere Pflanzen wie Weizen, Kartoffeln und Gerste gedeihen. Die darüber liegende Tierra Helada („kaltes Land") ist durch die Baumgrenze bei 3.500 Metern gekennzeichnet. Hier befindet sich in erster Linie das Weideland für Schafe und Lamas. Und schließlich spricht man in Höhen ab 4.500 Metern von der Tierra Nevada („Schneeland"), wenn auch die Grenze zum ewigen Schnee erst bei 4.800 Metern beginnt.

Zwei Tierarten aus der Region der Anden sind besonders bekannt: Lamas und Alpakas. Die Ureinwohner züchteten diese Kamele im Laufe vieler Jahrtausende aus den wild lebenden Guanakos, die im Unterschied zu den Trampeltieren und Dromedaren keine Höcker haben. Eine weniger bekannte, wilde Kamelart der Anden ist das Vicuña, das kleiner ist als die Guanakos. Schon die Inkas nutzten die Wolle dieser Tiere für die Kleidung ihrer Herrscher, und noch heute gilt sie als der teuerste Rohstoff für Kleidung weltweit. Ein Schal aus dieser Wolle kann schon mal 1.000 Euro kosten.

Die Lüfte über den Anden beherrscht der Andenkondor, ein Geier, der mit seinen über drei Metern Flügelspannweite als größter Greifvogel der Welt gilt. Er fällt durch eine tiefschwarze Färbung und die weiß abgesetzten Schwingen auf, und einige südamerikanische Länder haben ihn zu ihrem Wappentier erkoren. Die Bestände sind heute leider stark dezimiert, und aus den nördlichen Teilen der Anden ist er ganz verschwunden. Deutlich kleiner, aber dennoch auffällig ist der Andenklippenvogel: Die Männchen tragen – je nach Unterart – einen leuchtend orangen bis scharlachroten Kopf zur Schau.

Typischer Hausbau im kargen Hochland von Peru zwischen Arequipa und Chivay an der Aguada Blanca.

Indigena-Kinder im Hochland Ecuadors in der Nähe von Quitoloma.

Viele weitere Tierarten bevölkern die so unwirtlich wirkenden Hochgebirge. Dazu gehören natürlich die Chinchillas, die in einigen Unterarten durch intensive Bejagung als ausgestorben gelten. Und auch die mit 45 Zentimetern kleinste Hirschart der Erde lebt in den Anden: Die Nordpudus sind in Kolumbien, Ecuador und Peru in Höhen von 2.000 bis 4.000 Metern beheimatet, die Südpudus leben in Patagonien in bis zu 1.500 Metern Höhe.

Pumas und Jaguare sind die Raubkatzen der Anden, deren Bestände dramatisch eingebrochen sind. Obwohl diese eleganten Einzelgänger riesige Gebiete benötigen, werden sie durch den Menschen in immer kleinere Areale verbannt. Irgendwann werden sie wohl vollständig verschwunden sein, wenn die Schutzprogramme nicht deutlich besser werden.

Ähnliches gilt auch für den einzigen Bären des südamerikanischen Kontinents, den Andenbären. Er lebt in den feuchten Wäldern der nördlichen Anden und auf den von Gras bewachsenen Hochebenen. Die bis zu 200 Kilogramm schweren Männchen und nur etwa 65 Kilogramm schweren Weibchen ernähren sich fast ausschließlich von pflanzlicher Kost.

Vorherige Seite:

Oben: Die berühmten Ruinen von Machu Picchu.

Unten: In der Nachbarschaft von Machu Picchu liegen oberhalb des Rio Urubamba am Camino Inka die Ruinen von Wiñay Wayna.

Der Altiplano – Salzseen und geflochtene Brücken

Im Süden Perus teilen sich die Anden in zwei parallel verlaufende Gebirgszüge auf, zwischen denen sich eine 170.000 Quadratkilometer große Hochebene erstreckt, bevor die Berge im Norden Chiles wieder zusammenstoßen. Große Seen sammeln das Was-

Oben: Landschaft in der dünnen Luft der Atacama-Wüste auf zirka 4.000 Metern Höhe.

Rechte Seite unten links: Grandioser Ausblick nach einer Übernachtung im Zelt auf 3.000 Metern Höhe.

Rechte Seite unten rechts: Aufkommender Wirbelsturm in der Atacama-Wüste am Salar de Atacama, dem größten Salzsee Chiles.

ser dieser Ebene: Die bekanntesten sind der Titicacasee im Norden, der Poopó-See weiter südlich und der Salar de Uyuni im Süden. Sie sind durch den Río Desaguadero miteinander verbunden, aber es gibt keinen Abfluss aus dem Altiplano.

Das Dach der Welt – so wird der Altiplano auch oft genannt – ist eine kalte, trockene Region, in der nur wenige Pflanzen gedeihen. Gräser beherrschen die Landschaft, und in den Salzseen ist kein Leben möglich. Nordwestlich des Titicacasees, auf peruanischem Gebiet, liegt der Ort Qu'eswachaka an einem wilden Fluss, über den sich seit mehr als 500 Jahren eine Brücke spannt, die ausschließlich aus Gras besteht. Jedes Jahr kommen die Bewohner der Region zusammen, um aus Ichu-Gras lange Seile zu flechten und die Brücke neu zu errichten.

Das Berg-Viscacha (auch Cuvier-Hasenmaus oder Felsenchinchilla) gehört zur Familie der Chinchillas und lebt vor allem im Hochland auf über 4.000 Metern.

Vorherige Seite:

Oben: In dem kleinen abgelegenen Dorf Machuca inmitten der Atacama-Wüste scheint die Zeit stehen geblieben zu sein. Typisch für die Adobe-Kirche von Machuca und die wenigen anderen Häuser ist die unverwechselbare Bauweise aus kühlendem Adobe-Stein und Kaktusholz.

Unten: Sonnenuntergangsstimmung im Valle la Luna, Region Antofagasta.

Der Titicacasee, 15-mal so groß wie der Bodensee, ist das höchste schiffbare Gewässer weltweit. Am Nordende des Sees errichten die Menschen vom Stamm der Uru ihre Wohnstätten auf künstlichen Inseln, die aus getrocknetem Torota-Schilf hergestellt werden. Ursprünglich dienten diese Inseln zur Flucht vor Feinden, da sie problemlos aus der Verankerung gelöst und auf den See gebracht werden konnten.

Der Salar de Uyuni im Süden des Altiplano ist der größte Salzssee der Welt, unter dessen dicker Salzkruste sich gewaltige Mengen wertvollen Lithiums verbergen. Während dieses lange Zeit vor allem für Medikamente abgebaut wurde, spielt es heute für die Produktion moderner Lithium-Ionen-Akkus in Handys, Computern und Elektroautos eine bedeutende Rolle.

Rechte Seite oben: Ein Wasserfall an den Termas del Plomo, den heißen Quellen in den Hochanden, direkt an der chilenisch-argentinischen Grenze. Ein einsames Bad im warmen, durch Mineralien bunt gefärbten Wasser, umgeben von schneebedeckten Gipfeln, ist ein Erlebnis der Sonderklasse.

Rechte Seite unten: Andenflamingos auf dem Salar de Atacama.

Atacama – die trockenste Wüste der Welt

Westlich des Altiplano, auf der Pazifikseite der Anden befindet sich ein extrem trockenes Gebiet: die Atacama-Wüste. Die Gegend gleicht einer Mondlandschaft, und einige Wetterstationen der Region haben noch niemals Regen nachgewiesen, denn der kalte Humboldtstrom an der chilenischen Küste verhindert die Wolkenbildung im Westen und die hohen Anden lassen keine Niederschläge aus dem Osten zu. Gleichzeitig schwanken die Temperaturen hier sehr stark zwischen etwa 30 °C tagsüber und -15 °C in der Nacht.

Alle paar Jahre führt jedoch das Phänomen El Niño, das durch eine Umkehrung des Humboldtstroms entsteht, zu einer dramatischen Veränderung des Klimas in diesem Küstenstrich: Innerhalb weniger Wochen gehen so gewaltige Niederschläge auf die chilenische Landschaft nieder, dass in der Folge die Atacama-Wüste in imposanter Pracht erblüht.

Und noch einen weiteren Superlativ hat die Gegend zu bieten: Die ältesten Mumien der Welt befinden sich hier. Vor über 7.000 Jahren, lange bevor die Inkas die Region beherrschten, mumifizierten die Chinchorros und Atacameños, Diaguitas und Aymara ihre verstorbenen Babys, die noch heute dort zu bestaunen sind.

Das scheue Vicuña hat sein Habitat in den Hochanden Ecuadors, Perus, Boliviens, Argentiniens und Chiles. Es kommt hier in Höhen ab 3.500 Metern vor. Es gehört zur Familie der Kamele und ist mit dem Lama verwandt, aber kleiner als dieses. Die Wolle der Vicuñas gilt als weichste, seltenste und teuerste der Welt, was den Tieren fast zum Verhängnis wurde. Zeitweise wurde das Vicuña sogar in der Roten Liste gefährdeter Arten der IUCN geführt, mittlerweile haben sich die Bestände aber auf Grund von Schutzmaßnahmen wieder erholt.

Überbordende Artenvielfalt rund um einen gigantischen Fluss

Amazonien

Lebensadern aus Wasser

Die nördliche Hälfte Brasiliens wird von einem Flusssystem beherrscht, das seinesgleichen sucht: Der Amazonas und seine vielen Nebenflüsse durchziehen die Landschaft wie ein feines Geäst aus Adern, sie prägen elementar das Klima und haben einen großen Einfluss auf den überwältigenden Regenwald der Region. Zum Großgebiet des Amazonasbeckens zählen neben Brasilien auch die angrenzenden Staaten im Norden und Westen: Teile Boliviens gehören dazu, genauso wie die Grenzgebiete in Peru, Ecuador und Kolumbien. Und aus Venezuela, Guyana, Surinam und Französisch-Guayana fließt ebenfalls Wasser über die Grenze, das schließlich in den Amazonas mündet. In den südlichen Regionen Brasiliens strömen andere Flüsse in Richtung Atlantik: der Rio Araguaia, der Rio San Francisco und einige mehr. An der argentinischen Grenze befindet sich der eher kleine Fluss Iguaçu, der jedoch mit gewaltigen Wasserfällen aufwartet.

Wasserlauf von den Anden bis zum Atlantik

Tropischer Regenwald, so weit das Auge reicht. Der Amazonas ist der mit Abstand wasserreichste Fluss der Welt und erstreckt sich über eine Länge von fast 6.500 Kilometern in Schlangenlinien quer über die nördliche Hälfte des südamerikanischen Kontinents. Das Amazonasbecken zwischen den Millionenstädten Belem in Brasilien, Quito in Peru und La Paz in Bolivien bedeckt eine Fläche von etwa sieben Millionen Quadratkilometern. Damit ist es das zweitgrößte zusammenhängende Waldsystem der Welt. Etwa 1.000 „kleinere" Flüsse münden in den Amazonas und tragen allesamt mit dazu bei, dass dieser pro Sekunde über 200.000 Kubikmeter Wasser in den Atlantik spült.

Die Tillandsia, aufgenommen am Cuyabeno – einem Nebenfluss des Amazonas – beeindruckt durch ihre Farbe und einzigartige Form.

Vorherige Seiten:

Die Flusslandschaft des Rio Claro, die schon zu Amazonien gehört, ist größtenteils von sekundärem Regenwald bedeckt.

Links: Ein Blatt voller Käfer.

Rechts: Ein weit verbreiteter Tagfalter aus der Familie der Nymphalidae (Edelfalter).

Oben: Auf den einzelnen Terrassen der Iguaçù-Wasserfälle bilden sich üppich bewachsene Inseln.

Rechte Seite: Teil der Wasserfälle von Iguaçù auf argentinischer Seite.

Dabei erreicht der gewaltige Fluss in Brasilien eine Breite von mehreren Kilometern an seiner Mündung fächert er sich schließlich zu einer Gesamtbreite von fast 200 Kilometern auf.

Der größte Teil des Wassers erreicht jedoch erst gar nicht den Atlantik: Etwa drei Viertel der unfassbaren Wassermenge verdunsten auf dem Weg nach Osten und gehen als Regen auf die umliegenden Landstriche nieder. Und durch die langsame Fließgeschwindigkeit werden die Areale rechts und links des Flusses immer wieder viele Kilometer weit überschwemmt. Kein Wunder, denn auf den über 1.300 Kilometern Luftlinie zwischen Manaus im Herzen des Amazonasbeckens und Belem an seiner Mündung überwindet der Amazonas gerade einmal eine Höhe von 26 Metern.

In drei Vegetationszonen lässt sich der Regenwald des Amazonas einteilen: Die niedrigste ist die permanent überschwemmte Stufe der sumpfigen Igapó-Wälder. Açaí-Palmen, deren Früchte und Herzen von der indigenen Bevölkerung gegessen werden, gedeihen hier typischerweise, und die Riesenseerosen mit ihren bis zu drei Meter großen, kreisrunden Blättern ruhen auf dem Wasser. In der nächsthöheren Zone, dem Váreza-Wald, der nicht permanent überflutet ist, werden die Bäume schon deutlich höher. Bis zu 45 Meter reichen hier die Jupita-und Miriti-Palmen in den Himmel. Diese Areale stehen nicht das ganze Jahr unter Wasser, doch bei Hochwasser werden die Gebiete, die sich bis etwa 50 Kilometer ins Inland erstrecken, überschwemmt.

Vorherige Seite:

Der Cuyabeno hat hier einen außergewöhnlich hohen Wasserstand. In der Abenddämmerung spiegelt sich der Baum im Fluss. Eine unbeschreibliche Stimmung.

Ein letztes Wechselspiel zwischen Sonne und Wolken die sich im Wasser spiegeln, bevor die Nacht anbricht.

Giftige Schlangen gehören im Chapada dos Guimaraes, einem felsigen Hochplateau zirka 75 Kilometer von Cuiaba entfernt, zur Tagesordnung.

Die dritte Zone, die Terra Firma ist hingegen vor Überschwemmungen sicher. 98 Prozent des Amazonasbeckens ist mit diesen artenreichen Wäldern bedeckt. Die Bäume werden bis zu 60 Meter hoch und können ein Alter von 1.000 Jahren erreichen. Der Artenreichtum ist an keinem Ort der Welt größer als in dieser tropischen Region. 2.500 unterschiedliche Baumarten, 1.000 Orchideen- und Farnarten, Unmengen an Heilpflanzen und Gewürzen übertrumpfen sich gegenseitig in Größe, Pracht und Farben. Über

1.500 Vogelarten schwirren durch die schwüle Hitze, und Schmetterlinge, die bis zu 30 cm groß werden, wetteifern mit ihnen um die leuchtendsten Farben.

Jaguare und Pumas streifen durch die Wälder, in den Bäumen klettern Faultiere, zahlreiche Primaten tummeln sich in den Wipfeln. Aber auch Tapire und Gürteltiere, Wildschweine und Ameisenbären verstecken sich in der grünen Pracht des Regenwaldes. In den Gewäs-

Gelbbrustaras bevölkern die Lüfte.

Links oben: Eryphanis ist ein großer Tagfalter aus der Familie der Brassolidae, die mit etwa 80 Arten in der neotropischen Region vorkommen. Es gibt keinen deutschen Namen wie für die Mehrzahl der Insekten weltweit.

Links mitte: Normalerweise lebt der Goldbauch-Organist hoch in den Bäumen und ist nur selten gut zu sehen. Das hier war Fotografenglück.

Links unten: Ein nur wenige Millimeter großer Frosch auf einem welken Blatt.

Rechts: Diese Schlangenart, eine Hundskopfboa, ist häufig in Amazonien anzutreffen und durch ihr Muster leicht zu identifizieren. Im Baum liegt die Schlange tagelang und jagt dort kleine Echsen und Vögel.

Rechte Seite oben: Ein Mönchsschweifaffe flüchtet beim Anblick der Kamera über den Ast. Die Tiere suchen ständig den Schutz des dichten Blätterwaldes in den Baumkronen.

Rechte Seite unten: Um den wunderschönen See von Cotachachi Cayapas kann man viele verschiedene Pflanzenarten finden. Die Farbenpracht ist unerschöpflich vielfältig.

sern, dem Hauptfluss und den vielen Nebenflüssen haben etwa 2.000 unterschiedliche Fischarten ihr zu Hause, und Flussdelfine schwimmen bis weit in die Süßwasserarme hinein. So geht man heute davon aus, dass mit geschätzten fünf bis zehn Millionen Arten etwa 25 Prozent aller weltweit lebenden Spezies ihre Heimat in Amazonien haben.

Iguaçù – Wasserfälle im Großformat

Im Süden Brasiliens, im atlantischen Küstenregenwald, befindet sich eine andere Attraktion des Landes, die dem Regenwald Amazoniens an Faszination in nichts nachsteht: der Iguaçù. Dieser „nur" 1.300 Kilometer lange Fluss mündet an der Grenze zu Argentinien in den Río Paraná, nachdem er ein paar Kilometer vorher spektakulär in die Tiefe gestürzt ist. Auf 2.700 Metern erstrecken sich die breitesten Wasserfälle der Welt. Die Victoriafälle sind zwar tiefer, der Salto Angel in Venezuela höher und die Niagarafälle bekannter, doch das Naturschauspiel hier an der Grenze zwischen Brasilien und Argentinien ist atemberaubend.

Zu beiden Seiten des Flusses befinden sich schon seit vielen Jahren Nationalparks, die von der UNESCO auf die Liste des Weltnaturerbes gesetzt wurden. Die Wasserfälle selbst werden von der indigenen Bevölkerung auch Teufelsschlund genannt, und Eleanor Roosevelt soll beim Anblick der gewaltigen Wassermassen nur „Poor Niagara!" gemurmelt haben. In der Vergangenheit hatte der Iguaçu aber auch noch eine andere Bestimmung: Ihm wurden die Körper der verstorbenen Verwandten überantwortet und ihm damit die Bedeutung des Totenflusses der Region zugewiesen.

Karges Archipel mitten im Pazifik

Eine Inselgruppe mit großer Bedeutung

Galápagos – seit Charles Darwins Aufsehen erregenden Entdeckungen Anfang des 19. Jahrhunderts ist diese Inselgruppe in den Köpfen der Menschen mit archaisch anmutenden Echsen und einer reichen Tierwelt, die es sonst nirgendwo gibt, verbunden. Die Islas Galápagos, wie sie auf Spanisch genannt werden, oder das Archipiélago de Colón, das Kolumbusarchipel – so heißen die Inseln offiziell – sind tatsächlich die Heimat einer Reihe von Tieren, die hier endemisch sind. Auf etwa 40 Prozent der Tierarten trifft das zu. Darwin erkannte dies frühzeitig und nutzte diesen besonderen Umstand, um seine Evolutionstheorie zu untermauern. Die Erkenntnisse, die er damals gewann, bilden bis heute die Grundlage der modernen Biologie. Sein nur einen Monat dauernder Besuch auf Galápagos bedeutete für ihn einen großen Einschnitt im Leben, und auch heute lösen die Inseln bei Besuchern oft ein neues Bewusstsein für die Natur aus.

Inseln vulkanischen Ursprungs

Die Erde unter den Galápagos-Inseln ist in Bewegung. Doch es sind nicht die tektonischen Platten, die dieses Archipel haben entstehen lassen, sondern in erster Linie die so genannten Hot-Spots, unterirdische Vulkane, die durch über ihnen liegenden Erdplatten und deren Verschiebung zu einer Kette von einzelnen Inseln führen. So sind diese eine nach der anderen aus dem Meer gewachsen, die jüngeren erst vor etwa 500.000 bis 600.000 Jahren, die ältesten, heute bereits wieder versunkenen vermutlich

Vorsicht ist beim Besuch der Inseln geboten: An vielen Stellen liegen auf den Wegen Meerechsen in der Sonne, die sie benötigen, um ihre Körpertemperatur zu regulieren.

Vorherige Seiten:

Die Insel South Plaza beeindruckt landschaftlich durch den typischen kontrastreichen Bewuchs mit ersten Pionierpflanzen wie Moosen und Flechten, die in Gelb- und Rottönen zusammen mit den großen Opuntien auf den Klippen Spannung erzeugen.

Der Landleguan reibt die Kaktusfrucht so lange über den Boden, bis er sie ganz von den Stacheln befreit hat. Erst dann kann er sie fressen.

Ein archaisch anmutender Galápagos-Landleguan schaut auf das Meer hinaus.

Oben: Die bizarre Küste der Insel Isabela wurde durch ins Meer geflossene Lava geformt. Im Hintergrund der Vulkan Sierra Negra.

vor neun Millionen Jahren. Insgesamt sind es zurzeit über 100 Inseln, von denen 13 mehr als fünf Quadratkilometer groß sind. Die größte unter ihnen, Isabela, nimmt allein etwa 60 Prozent der Gesamtfläche von 7.882 Quadratkilometern ein. 430 Kilometer liegen zwischen der westlichsten und der östlichsten Insel, 200 Kilometer beträgt die Nord-Süd-Ausdehnung.

Die Schildvulkane ragen aus den großen Tiefen des Meeres bis zu 1.700 Meter über die Wasseroberfläche hinaus. Westlich der Inseln sinkt der Meeresboden auf fast 4.000 Meter ab. Und obwohl die Galápagos-Inseln genau auf dem Äquator liegen, sorgt der kalte Humboldtstrom, der von der Antarktis an der südamerikanischen Küste entlang nach Norden fließt, für ein gemäßigtes Klima. Ein kompliziertes Geflecht aus unterschiedlichen Tiefen- und Oberflächenströmen trägt zudem eine große Menge an sehr nährstoffreichem Wasser in die Region, sodass sich hier Wale, Delfine und andere Meeressäuger treffen und Pinguine und Kormorane ein nie endendes Nahrungsangebot finden.

Doch es ist vor allem die große Entfernung zum Festland und die Abgeschiedenheit, die zu der Sonderstellung des Archipels geführt haben. 1.000 Kilometer Wasser trennen die Galápagos-Inseln von Ecuador, dem Land, zu dem sie politisch gehören. Durch diesen Umstand entwickelten sich die Tiere und Pflanzen, die durch Strömungen, Wind oder Vögel auf die Inseln hinübergetragen wurden, unabhängig von ihren Artgenossen auf dem Festland. Zwischen ihnen gab es keinen bemerkenswerten

Vorherige Seite:

Nach dem Aufstieg über die Lavahänge des Vulkans bis zum höchsten Punkt der Insel Bartolomé hat man einen imposanten Blick über die Inselwelt von Galápagos. Gut zu erkennen ist der Pinnacle Rock, das Wahrzeichen der Inseln. Am Strand sind oft Galapagos-Pinguine anzutreffen, mit denen man ein Bad nehmen kann.

Oben: Zwei „kommunizierende" Riesenschildkröten in einer Aufzuchtsstation.

Vorherige Seite:

Rechts oben: Spuren von Meerechsen auf ihrer Wanderung.

Unten: Der Kraterrand des Vulkans Chico auf der Insel Isabela. Die letzte Eruption war im Jahre 2005. Auf einer zehn Kilometer langen Wanderung kann man bis zum Krater des Vulkans gelangen.

Austausch, und genetische Mutationen, die Grundlage der Darwinschen Evolutionstheorie, kamen wegen der kleinen Populationen sehr viel schneller zum Tragen als dort, wo auf einer großen Landfläche immer wieder Kreuzungen stattfanden.

Artenvielfalt in sechs Vegetationszonen

Die Folgen können heute auf Galápagos tagtäglich beobachtet werden: Die Tierwelt ist innerhalb einer Rasse in sehr viel mehr Unterarten aufgefächert als auf dem Festland. Die Pflanzenwelt hingegen ist eher dürftig, wenn auch etwa 50 Prozent der Arten endemisch sind. Sie verteilen sich dabei über sechs klimatische Zonen. In der Nähe der Küsten wachsen vor allem Salzpflanzen, die gegen die widrigen Wetterbedingungen und das salzige Wasser resistent sind. Typisch dafür sind die Mangroven, die in

den zahlreichen Buchten wachsen. In der Trockenzone oberhalb von zehn Metern, die die größte Fläche des Archipels ausmacht, ist der Bewuchs sehr karg, da hier im Grunde ständig Trockenheit herrscht und sich Pflanzen in Ermangelung eines gewachsenen Humusbodens kaum festhalten können. Dichte Sträucher überwiegen in diesem Bereich.

Oberhalb von 100 Metern findet in der Übergangszone der Wechsel von den trockenen Pflanzen zu einer immergrünen Schicht aus Kräutern, Farnen und Gräsern statt. Die Sträucher nehmen allmählich zu, und erste Bäume erheben sich zaghaft aus der Erde. Ab 200 Metern Höhe nimmt der Bewuchs durch die hier vermehrten Niederschläge deutlich zu. Der Galápagos-Regenwald ist von den so genannten Sonnenblumenbäu-

Oben links, mitte rechts, unten rechts: In den feuchten Gebieten des Hochlandes von Santa Cruz leben die berühmten Galápagos-Riesenschildkröten. Nur in der Regenzeit und kurz danach begegnet man den Riesenschildkröten so zahlreich und nah.

Unten links: Landschildkröten leben in den höheren Regionen der regenreichen Gebiete.

Oben rechts: Sich paarende Grüne Meeresschildkröten, die vom Aussterben bedroht sind.

Oben links: Junge Seelöwen werden bis zur Geburt des nächsten Jungen im folgenden Jahr gesäugt.

Oben rechts: Die Jungtiere verdoppeln ihr Geburtsgewicht von rund fünf Kilogramm innerhalb weniger Wochen.

Unten: Entspannte Seelöwen am rotem Sandstrand der Insel Rabida.

men, den Scalesien, überwuchert. Farne, Moose und Orchideen halten sich an den geraden Stämmen fest, und Flechten ranken sich an ihnen herab. Ab 400 Metern Höhe übernimmt das Miconia-Gebüsch die Landschaft. Die Büsche sind meist von Lebermoosen bedeckt, werden jedoch nach und nach von eingeschleppten Pflanzen verdrängt. Oberhalb von 550 Metern wachsen dann nur noch Gräser, Farne und Sumpfgräser – dies ist die Pampa von Galápagos.

Eine Vielzahl sehr unterschiedlicher Inseln

In der Schildkröten-Bucht bei der Tortuga Bay auf der Insel Santa Cruz befindet sich der größte und schönste Sandstrand des Archipels. Algen bilden die Nahrungsgrundlage für

Links oben: An der Steilküste auf Santa Fe begeistern kleine Echsen durch tolle Muster und Färbungen. Zum Fotografieren sollte man schwindelfrei sein ...

Links unten: Felsenkrabben müssen sich jede Sekunde gut festklammern, um nicht vom Wasser weggespült zu werden.

Vorherige Seite:

Oben: In jedem Hafen wird man von Seelöwen, die oft die Hafenpiers und Aussichtsplätze belagern, begrüßt.

Unten: Eine spannende Begegnung, denn der Seelöwe weiß scheinbar nicht so recht, was er von diesem Pelikan halten soll.

Vorherige Seite:

Die schon von weitem auffallenden roten Tupfer auf dem schwarzem Lavagestein der Strände sind rote Felsenkrabben, die sich immer in der Nähe der Wasserlinie aufhalten.

die Meeresleguane, die auf dem Vulkangestein zusammen mit Roten Klippenkrabben, Pelikanen und Mangroven-Finken harmonisch leben. Im Wasser ziehen große Tümmler ihre Bahnen, und die Fregattvögel blähen ihre roten Kehlsäcke auf.

Auf der kleinen Insel North Seymore nördlich von Santa Cruz leben diese akrobatischen Flugkünstler in einer großen Kolonie. Kanadareiher, Landleguane, Pelikane und Braunmantel-Austernfischer durchschneiden die Lüfte. In den feuchten Gebieten des Hochlands von Santa Cruz leben die Galápagos-Riesenschildkröten, und in den frühen Morgenstunden hüllt dort oftmals mystisch wirkender Nebel die Szenerie in eine unwirkliche Stimmung.

Die trockene Landschaft von Santa Fe hingegen ist geprägt von den bis zu zehn Meter hohen Opuntien, von deren Früchten sich die Galápagos-Landleguane mit ihrem ausgeprägten Kopfkamm ernähren. Dabei gehen die nur auf Galápagos lebenden Echsen äußerst geschickt vor, indem sie die stachligen Früchte mit ihren Pfoten so lange auf dem Boden hin und her rollen, bis alle Stacheln abgefallen sind.

Die relativ kleine Insel Bartolomé besteht aus einem einzigen Vulkan, der bestiegen werden kann. Nach dem Aufstieg über die Lavahänge bis zum höchsten Punkt der Insel eröffnet sich dem Besucher ein imposanter Blick über das gesamte Archipel. Hier befindet sich auch das Wahrzeichen der Inselgruppe, der Pinnacle Rock.

Zum Sonnenuntergang versammeln sich die Meerechsen und klettern fotogen auf dem spitzen Lavagestein herum.

Rechte Seite links oben: Die auch Drusenkopf genannten Landleguane leben nur auf den Galápagos-Inseln.

Rechte Seite links mitte: Meerechsen liegen eigentlich fast immer auf den Felsen.

Rechte Seite links unten: Dieses Exemplar hat sehr kräftige Nackenstacheln und eine intensive Gelbfärbung.

Rechte Seite rechts: Die Meerechsen auf Galápagos sind weltweit die einzigen Echsen, die sich aus dem Meer ernähren.

Links: Blaufußtölpel stürzen sich aus großer Höhe wagemutig in die Fluten, um Fische zu fangen. Das Risiko, im zu flachen Wasser einzutauchen oder mit Steinen zu kollieren, scheint ihnen nichts auszumachen.

Rechts: Die größte auf Galápagos lebende Reiherart ist der Kanadareiher.

Rechte Seite: Der imposante rote Kehlsack der männlichen Fregattvögel wird während der Balz zur Schau gestellt, die auf Galápagos wegen des üppigen Nahrungsangebots das ganze Jahr über währen kann.

Die winzige Insel Plaza Sur wartet mit einer erstaunlich großen Artenvielfalt auf: Seelöwen, Meerechsen und Rote Klippenkrabben existieren hier neben den vielen Seevögeln, die ihre Nester bewachen. Die Chance, den Galápagos-Wanderfalken auf seinem Beuteflug zu erspähen, ist auf dieser Insel besonders groß. Rotschnabel-Tropikvögel und Blaufußtölpel kann man hier ebenfalls antreffen. Landschaftlich beeindruckt die Insel durch den kontrastreichen Bewuchs mit ersten Pionierpflanzen wie Moosen und Flechten, die in Gelb- und Rottönen erstrahlen und sich mit den großen Opuntien auf den Klippen abwechseln.

Anziehungspunkt für Touristen aus aller Welt

In dem schmalen Landstrich, der Nord- und Südamerika miteinander verbindet, umgeben von Pazifik und Karibik, Panama im Süden und Nicaragua um Norden, liegt Costa Rica mit einer Fläche halb so groß wie Island. Die Verbindung zwischen den Rocky Mountains und den Anden zieht sich als Gebirgszug durch das Land. Vulkane und wunderschöne Palmenstrände prägen die Landschaft. In diesem Land, das als einziges in Mittelamerika auf eine lange Phase gewachsener Demokratie zurückblicken kann, stehen mittlerweile 27 Prozent der Fläche unter Naturschutz, und es ist daher ein faszinierendes Ziel für Abenteuer- und Naturliebhaber.

Aktive Vulkane und atemberaubende Strände

Landschaftlich hat Costa Rica eine Menge zu bieten. In der großen Ebene in der Mitte des Landes, dem Valle Central, befindet sich San José, die Hauptstadt des Landes, mit knapp 350.000 Einwohnern. Die beiden Vulkane Irazú und Poás mit den zugehörigen Nationalparks sind nicht weit entfernt, und die Hälfte der Ticos – so nennen sich die Costa Ricaner selber – sind in dieser Gegend ansässig, da der Boden sehr fruchtbar ist: Hier wird schon seit dem 18. Jahrhundert Kaffee für den Export nach Europa angebaut. Die Berge strecken sich über 3.000 Meter in den Himmel und bilden dadurch eine atemberaubende Kulisse.

Östlich dieses Hochtals, an der Karibikküste eröffnet sich den Besuchern eine vollkommen andere Welt: Hier legte Kolumbus 1502 nach einem Taifun an und betrat als erster Europäer einen Landstrich, den er später als Costa Rica – die reiche Küste –

Vorherige Seiten:

Lange, einsame Strände laden zu Spaziergängen und zur Erkundung der Gegend zu Fuß ein. Dabei müssen immer wieder kleinere Felsen umlaufen oder erklommen werden. Immer wieder wird man für die Mühen mit dem einzigartigen Lichtspiel und den rauhen naturbelassenen Stränden belohnt.

Dieses grüne Leguan-Männchen, das während der Paarungszeit seine Farbe zu Orange wechselt, zeigt beim Annähern deutlich seinen Revieranspruch. Zu den typischen Drohgebärden gehören das Kopfnicken und das Aufblasen der Kehlwamme.

Den Vulkan Poás sieht der Betrachter meist durch Nebel verdeckt. Um ihn so klar wie auf diesem Bild vor sich zu haben, heißt es früh aufstehen und das richtige Wetter abpassen. Vor den freien Blick schieben dann aber auch schnell wieder die nächsten Nebelbänke.

Sonnenuntergang auf der Halbinsel Papagayo.

Auge in Auge mit einem Leguan.

Obst- und Gemüseangebot in San Jose, der Hauptstadt Costa Ricas.

Vorherige Seite:

Oben: Schulkinder in der Provinz Guanacaste.

Unten: Traditionelles Töpferhandwerk ist auf der Halbinsel Nicoya noch weit verbreitet.

Rechts: Ein Beispiel der üppigen, farbenfrohen Flora Costa Ricas.

Unten: Schwarze Mangroven-Bäume bei Ebbe in der Nähe von Puerto Jimenez auf der Peninsula de Osa.

Oben links: Wer kein Problem mit dem frühen Aufstehen hat, der kann an den einsamen Stränden in dieser Region wunderschöne Sonnenaufgänge und Naturschauspiele erleben.

Oben rechts: Ein neugieriger Gemeiner Schwarzleguan.

Vorherige Seite:

Oben links: Faultiere sind eigentlich keine allzu große Seltenheit in Costa Rica. Die Schwierigkeit besteht eher darin, sie zu entdecken. Sie schlafen bis zu 20 Stunden am Tag und auch wenn sie wach sind, bewegen sie sich nur sehr langsam. Auf diese Art schützen sie sich vor ihren natürlichen Feinden. Ältere Faultiere haben meist ein nicht mehr ganz so braun-graues Fell, da sie mit der Zeit Moos ansetzen.

Oben rechts: Dieser kleine Pilz auf einem Baumstamm ist leicht zu übersehen.

Mitte rechts: Ein Kolibri im Morgennebel.

Unten: Ein fast zwei Meter langer Grüner Leguan in Muelle an der „Leguanbrücke". Dort ruhen die Tiere, deren Name irreführend ist, wie dieses orange Exemplar beweist, auf den Bäumen und sind gut zu beobachten.

bezeichnete. Traumhafte Strände mit Kokospalmen im Süden und verzweigten Systemen aus Kanälen im Norden sorgen für ein karibisches Lebensgefühl. Und es gibt auch hier einige Naturparks zu entdecken – einen von ihnen kann man mit der Rainforest Aerial Tram, einer Seilbahn mit 22 kleinen Kabinen, aus der Luft erleben.

Auf der anderen Seite, an der zentralen Pazifikküste fallen ebenfalls weite Strände sanft ins Meer hinab, doch ist die Strömung hier so stark, dass das Schwimmen extrem gefährlich ist. Nicht wenige Badeurlauber sind dem Pazifik schon zum Opfer gefallen. Dennoch sind die Strände ein beliebtes Ziel der Einheimischen und wegen des starken Wellengangs zieht es viele Surfer an diese Küste.

Im Norden schiebt sich die Peninsula Nicoya in den Pazifik – eine 120 Kilometer lange und 50 Kilometer breite Halbinsel, die mit 1.000 Meter hohem Hügelland und Savannen aufwartet. Ihre Strände ziehen besonders viele Badeurlauber und Wellenreiter an.

Fast schon an der Grenze zu Panama stößt die Peninsula de Osa in den Pazifik vor. Während das Landesinnere hier eher arm an Tierarten ist, sind vor allem die Küsten sehr artenreich. Seeigel und Seesterne lieben das Wasser dieser Region, Wale und Delfine ziehen vorbei und die zahlreichen Korallenbänke bieten unzähligen Fischarten eine sichere Heimat. Auf dieser Halbinsel befindet sich außerdem der größte Mangrovenwald der mittelamerikanischen Staaten.

Vorherige Seite:

Oben: Rotaugenlaubfrosch im Regenwald bei Dos Brazos in der Nähe von Puerto Jimenez auf der Peninsula de Osa.

Mitte: Schlüpfende Meeresschildkröten sind ein unvergessliches Erlebnis. In dieser Nacht sind Tausende geschlüpft und rennen instinktiv Richtung Meer. Jeden Monat gibt es eine neue „Arivada“, die nächtliche Ankunft der weiblichen Meeresschildkröten, die im weichen Sand ihre je 80 bis 100 Eier ablegen.

Unten: Ein handtellergroßer Frosch, der sich bei Landschaftsaufnahmen am Morgen ins Bild gedrängt hat.

Rechts: Rotstirnamazonen treten meist in größeren Gruppen auf. Oft sind sie leicht auszumachen, da sie permanent und lautstark miteinander kommunizieren.

Unten: Der Costa-Rica-Sperlingskauz wurde erst 1999 entdeckt und beschrieben. Er bewohnt Höhenlagen ab 900 Metern in der Mitte Costa Ricas.

Eine Insel voller Schätze mitten im Meer

Weit entfernt vom Festland Costa Ricas liegt mitten im Pazifik eine kleine Insel: die Isla del Coco. Mit ihrer Fläche von weniger als 25 Quadratkilometern liegt sie 500 Kilometer von der Heimatküste entfernt, ist unbewohnt und darf nur mit Sondergenehmigungen betreten werden. Schon 1997 erklärte die UNESCO dieses Eiland zum Weltnaturerbe und stellte es einschließlich des zwölf Seemeilen betragenden Schutzgebiets unter besonders strenge Obhut. Gerüchte ranken sich um diese Insel, die von Piraten als

Links oben: Ein Quetzal, der „Göttervogel der Inkas".

Mitte oben: Ein eher kleiner Waldbewohner ist der Orangebandpipra.

Rechts oben: Der Blauscheitelmotmot erreicht eine Länge von bis zu 53 Zentimetern.

Rechts unten: Aras sind wohl die spektakulärsten Vögel Costa Ricas.

Vorherige Seite:

Links oben: Haubencaracara mit geraubtem Küken.

Rechts oben: Schmuckreiher auf Nahrungssuche.

Links unten: Rotbrustfischer mit Beute.

Rechts unten: Der Riefenschnabelani mit seinem kräftigen, deutlich gerieften Schnabel ist in der offenen Landschaft ein Charaktervogel.

Rückzugsort genutzt worden sein soll. Unfassbare Schätze sollen hier angeblich versteckt sein, und Robert Louis Stevenson soll die Insel als Vorlage für seinen Erfolgsroman Die Schatzinsel genommen haben.

Die zahlreichen Naturparks in Costa Rica bieten unzähligen Tierarten eine Heimat. Vögeln, Schlangen, Fröschen und Schmetterlingen wird der Besucher ebenso unweigerlich begegnen wie den Mantelbrüllaffen und den Weißschulterkapuzineraffen. Natürlich ist das Land nicht ohne die niedlichen Rotrücken-Totenkopfäffchen vorstellbar, die heute nur noch in den Nationalparks Manuel Antonio und Corcovado leben. Und auch den Geoffroy-Klammeraffen, der in seiner Existenz bedroht ist, kann man in den Regenwäldern entdecken.

Corcovado

Der Nationalpark Corcovado ist einer der sehenswertesten in Costa Rica. Jedes Jahr zieht er unzählige Vogelliebhaber und Fotografen an, die die in bunten Farben

Oben: Diese Weißschulterkapuziner-Mutter mit ihrem schon recht großen Kind überraschte der Fotograf am Boden. Trotz der schweren Last auf ihrem Rücken sprang sie behende am nächsten Baustamm hoch und verschwand im Geäst.

Links: Kapuzineraffen leben meist auf Bäumen und sind in Südamerika weit verbreitet. Dieses Weißschulter-kapuziner-Männchen schaut etwas ärgerlich, obwohl wir es in seinem Mittagsschlaf im Nationalpark Manuel Antonio nicht wirklich gestört hatten.

Unten: Von der Brücke am Tarcoles bei Jako lassen sich die seltenen Spitzkrokodile mit ihrer lang gezogenen, spitzen Schnauze gut beobachten. An dieser Stelle lag eine Gruppe von 15 Exemplaren im Wasser.

Rechte Seite oben: Dieses wieder einmal gar nicht grüne Grüne Leguan-Männchen ist perfekt getarnt.

Rechte Seite unten: Auge in Auge mit einem Krokodil.

Vorherige Doppelseite:

Links: Eine Gruppe schlafender Nasenfledermäuse auf einem Baumstamm am Flussufer.

Rechts: Der Kontrast zwischen der weißen Motte und dem Holzstumpf, der so farbig im Abendlicht leuchtet, zieht die Blicke auf sich.

schillernden Vögel und Pflanzen als Erinnerung festhalten. Der „ungeschliffene Diamant" – so wird dieser Nationalpark oft wegen seiner großen Artenvielfalt genannt. Und kaum eine andere Bezeichnung trifft es so passend wie diese.

Über 350 unterschiedliche Vogelarten, über 100 Reptilien- und Amphibienarten, etwa 140 Säugetierarten und nahezu 6.000 Insektenarten sollen auf dem 40.000 Hektar großen Gelände an der Küste der Halbinsel Osa leben. Und tatsächlich kann der Besucher kaum einen Schritt tun, ohne einem der zahlreichen Tiere zu begegnen. Der Blaureiher und der Schneesichler, der Erzfischer und der Kahnschnabel sind nur ein paar Beispiele für die faszinierenden Vögel, die hier die Lüfte, Flüsse und Bäume beleben.

Aber nicht nur die Fauna ist hier überwältigend, auch die Flora trumpft mit vielen Arten auf. 500 Baumarten spenden Schatten, und mehr als 150 Orchideenarten sprießen als bunte Farbkleckse dazwischen. Insgesamt überwiegen im Inland des Corcovado-Natio-

Oben: Fast zum Anfassen nah kam dieser Kapuzineraffe zur Fotografin.

nalparks Regenwälder und an den Küsten umfangreiche Mangrovenwälder. Wanderungen durch dieses unwegsame Gelände sind immer wieder mit großen Überraschungen angesichts der atemberaubenden Vielfalt dieser Wälder verbunden.

Darüber hinaus wird das Land von einer Reihe weiterer Primaten besiedelt, die nicht besonders hübschen Rabengeier kreisen über den Bergen oder werden von den deutlich kleineren Nicaragua-Krähen vertrieben. Tukane mit ihren riesigen bunt schillernden Schnäbeln und Faultiere, die ihrem Namen alle Ehre machen, sitzen auf den Bäumen der mittlerweile wieder aufgeforsteten Wälder Costa Ricas.

Trotz der Schönheit dieser Region war sie doch in der Zeit zwischen den 1960er und 1980er Jahren akut bedroht, als die Suche nach Gold zu einem grundlegenden Problem für die Natur wurde. Auch die Einrichtung des Nationalparks in den 1970er Jahren konnte den Zustrom der Goldschürfer nicht stoppen, und so wurden sie 1986 kurzerhand vertrieben. Seitdem kann sich das Areal nach und nach erholen.

Oben: Einfach nur niedlich: ein Rotrücken-Totenkopfäffchen.

Links: Ganz entspannt: Brüllaffe im Palo-Verde-Nationalpark.

Eine Insel über den Wolken Venezuelas

Auyan Tepui

Der größte Tafelberg der Welt erhebt sich in der Gran Sabana im Südosten Venezuelas

Ein Bericht von Andreas Klotz

Tepuis, „Sitze der Götter", heißen die über 100 mächtigen, bis in 3.000 Meter Höhe steil aufragenden Tafelberge in der Gran Sabana, einer Hochebene in Venezuela. Sie zählen zu den unzugänglichsten Orten auf der Erde. Nur wenige wurden bislang erforscht, die meisten sind unbesteigbar. Ihre „flachen" Gipfel – zerklüftete Felslabyrinthe, ähnlich einer Urlandschaft – sind meistens in den Wolken verborgen. Eine Besteigung ist ein einzigartiges Erlebnis! Fleischfressende Pflanzen, Orchideen, Farne und sogar Palmen wachsen aus fast jeder Felsspalte. Flüsse fließen auf der Oberfläche und stürzen als gewaltige Wasserfälle über den Rand der Plateaus hinunter. Kaum jemand kennt diese Tafelberge und die Geschichten, die sich darum ranken. Sie werden bald dazu gehören ... willkommen zu einer Reise in eine unbekannte Welt.

Los geht's in Caracas ...

... der Hauptstadt Venezuelas, ganz im Norden des Landes an der Karibik gelegen. Sie ist das Finanz- und Industriezentrum Venezuelas. Caracas ist eine der größten Städte Südamerikas. Die Einwohnerzahl ist schwer einzuschätzen. Zwischen zwei und drei Millionen Menschen leben im zentralen Verwaltungsbezirk. Mit allen Außenbezirken, insbesondere auch den Eigenbau-Armenvierteln an den Hängen der Berge schätzt man die Gesamtanzahl auf bis zu zehn Millionen Einwohner.

Die Stadt liegt etwa 920 Meter hoch, im Sattel des Ávila-Gebirgszugs. Eine etwa 18 Kilometer lange Autobahn verbindet Caracas mit dem Flughafen Maiquetia, der direkt am Meer liegt. Kolumbus erreichte 1498 als erster Europäer die Küste von Caracas. Die eigentliche Stadt wurde 1567 vom spanischen Eroberer Diego de Losada unter dem ursprünglichen Namen Santiago de León de Carácas gegründet. Um 1750 blühte Caracas durch Kakaoexporte auf. Seit 1930 bescherte der Ölrausch der Stadt eine Bevölkerungsexplosion. Caracas wurde wiederholt durch Erdbeben zerstört. Zuletzt am 26. März 1812, wovon Alexander von Humboldt eine Beschreibung geliefert hat.

Ciudad Bolivar ...

... liegt am Südufer der schmalsten Stelle des Flusses Orinoco. Sie ist die Hauptstadt des größten venezolanischen Bundesstaats Bolivar. 1764 gegründet hieß die Stadt damals zuerst Angostura. Angostura bedeutet schmal und bezieht sich auf den Fluss. Sehr abseits gelegen entwickelte sie sich zu einem beliebten Hafen und Umschlagplatz.

1817 kam Simón Bolivar in die Stadt. Angostura wurde im Unabhängigkeitskrieg zur provisorischen Hauptstadt des unabhängigen Venezuela erklärt. Um an den Helden der Befreiungskriege zu erinnern, wurde die Stadt 1846 in Ciudad Bolivar umbenannt.

Vorherige Seiten:

Ein kleiner Ausschnitt der mächtigen Steilwand des Auyan Tepui.

Die Oberfläche der Tafelberge Venezuelas erinnert an eine Mondlandschaft – durchbrochen von Pflanzen-Inseln mit Orchideen und fleischfressenden Pflanzen.

Große weiße Blüten unterbrechen immer wieder das einheitliche Grün.

Es ist nicht alles Gold, was glänzt – aber aufgrund der Färbung der Flüsse in der Gran Sabana entstand die Legende vom El Dorado.

Links: Der Regenwald rings um die Tafelberge wimmelt nur so von schillernden Insekten.

Rechts: Man muss nur die Augen aufmachen – diese Blüte eines Mimosengewächses hing morgens plötzlich direkt über dem Eingang eines Zeltes; alles war zu Tagesbeginn von Tau bedeckt.

Vorherige Seite:

Palmen in einem Flusstal vor der Kulisse des größten Tafelbergs der Welt.

In der Nähe der Stadt überspannt die erste von bisher nur drei Brücken den Orinoco. Ciudad Bolivar ist der häufigste Ausgangspunkt für Reisen in die Gran Sabana und zu den Tafelbergen.

Älter als steinalt

Das Hochland von Guyana ist eine der ältesten Landschaften der Erde. Es erhebt sich südöstlich des Orinoco. Dieses Hochland, das von Plateaus und Nebenflüssen des Orinoco geprägt ist, nimmt mehr als die Hälfte der Landesfläche Venezuelas ein. Der auffälligste Bereich dieser Region ist die Gran Sabana – eine 450.000 Quadratkilometer umfassende Hochebene. Sie ist umschlossen von bis zu 1.000 Meter hohen Gebirgsketten. Im Laufe von Jahrmillionen wurden hier Sandsteinmassen abgetragen, und übrig blieben zerklüftete Täler und gewaltige, massive Tafelberge. Niemand wird beim Anblick dieser gigantischen Felsklötze bezweifeln, dass es sich um uralte Gesteinsformationen handelt. Wie alt sie aber tatsächlich sind, war noch vor wenigen Jahren ein Rätsel, denn der Sandstein enthält keinerlei Fossilien. Man konnte sich keinen Reim darauf machen, warum dieses Gestein völlig leer von Lebensspuren jeglicher Art ist. Die Frage nach dem Alter der Tepuis schien unbeantwortbar! Bis man auf besondere Gesteinseinschlüsse stieß: Diese enthalten mit einer bestimmten Geschwindigkeit zerfallende radioaktive Elemente, z. B. Uran. Nun konnte man anhand der Halbwertszeit den Zeitpunkt der Erstarrung dieser Einschlüsse auf vor rund 1,8 Milliarden Jahren datieren. Zu dieser Zeit muss der Sandstein also schon existiert haben. Das ist selbst für Steine ein außergewöhnliches Alter, für Sandstein sogar eine regelrechte Sensation!

Vorherige Seite:

Oben: Die typischen großen Rundhütten der Pemon-Indianer, in denen in Hängematten übernachtet wird.

Unten: Blick am frühen Morgen von der Graspisten-Landebahn über das Dorf Kavac auf den Auyan Tepui. Die Bäume vor den Hütten hängen voller Cashew-Nüsse.

Aktuell vermutet man den Beginn der Lebensgeschichte der Tepuis in Südamerika vor rund zwei Milliarden Jahren. Damals waren die Landmassen noch völlig anders über die Erde verteilt. Es gab noch keinerlei Leben: weder Moos noch Flechten, keinen einzigen Grashalm, von Insekten ganz zu schweigen. Absolut tot! Das Leben hat erst rund 1,6 Milliarden Jahre später das Land erobert. Jetzt ist klar, warum es in den Tafelberg-Sandsteinmassen keinerlei Fossilien gibt – wo sollen sie auch herkommen?

Afrika und Südamerika bildeten den Superkontinent Gondwana. Vor gerade mal 160 Millionen Jahren brach er auseinander, und das heutige Südamerika driftete nach Westen. Irgendwann während der Drift muss dann eine riesige Sandsteintafel durch tektonische Kräfte emporgehoben worden sein – ein gewaltiges Hochplateau entstand. Dort wo Risse und Brüche auftraten, setzte die Erosion ein und zerteilte das Plateau in einzelne Tafelberge. Wind und Wasser erledigten Jahrmillionen Jahre lang ihre Arbeit. Seit etwa 60 bis 70 Millionen Jahren – es war die Zeit, in der die Saurier ausstarben – ist diese Region eine von Tafelbergen geprägte Landschaft. Es gibt keine vergleichbare Gegend auf der Erde.

Die 115 verschiedenen, größtenteils noch völlig unerforschten Tepuis in diesem Gebiet zeichnen sich durch eine einzigartige und eigentümliche Flora und Fauna auf ihren Hochplateaus aus, denn auf Grund der Isolation haben sich viele endemische Arten entwickelt – manche kommen nur auf einem einzigen Tafelberg vor. Die meisten Tepuis sind unbesteigbar – manche sogar mit dem Helikopter aufgrund der unbestän-

Beim Anflug auf die Dörfer in der Nähe des Auyan Tepui fliegen die Piloten der kleinen sechs- oder achtsitzigen Propellermaschinen gerne nah an die Abbruchkante heran – sofern es das Wetter zulässt.

digen Witterung nicht sicher erreichbar. Es sind wirklich die letzten weißen Flecken auf der Landkarte

Canaima-Nationalpark

Von den Tafelbergen in der Gran Sabana stürzen die höchsten Wasserfälle der Welt, wie z. B. der Salto Kukenam und der Salto Angel. Letzterer ist mit fast 1.000 Metern Fallhöhe der höchste bekannte Wasserfall der Welt. Er ist damit natürlich eine der bekanntesten Sehenswürdigkeiten des Canaima-Nationalparks, der 1962 gegründet und 1994 von der UNESCO zum Weltnaturerbe ausgerufen wurde.

In manchen Tafelbergen gibt es darüber hinaus spektakuläre Höhlensysteme wie das Muchimuk-Höhlensystem im Churí-Tepui, die Cueva Ojos de Cristal im Roraima-Tepui oder die Schachthöhlen des Sarisariñama-Tepuis. Mit seinen rund 30.000 Quadratkilometern gehört der Canaima-Nationalpark zu den größten der Welt. Er liegt im venezolanischen Bundesstaat Bolivar und grenzt im Süden an Brasilien und Guyana.

Die vergessene Welt

Sir Arthur Conan Doyle, der Erfinder von Sherlock Holmes, hat 1912 eine fantastische Geschichte veröffentlicht: Eine kleine Gruppe Wissenschaftler und Abenteurer entdeckt, dass auf einem abgelegenen Tafelberg in Südamerika Dinosaurier und Affenmenschen bis heute überlebt haben. Auf Deutsch erschien sein Buch später unter dem Titel „Die Vergessene Welt". Absolute Pflichtlektüre für jeden Tepui-Besteiger!

Links: Jimmie Angel

Rechts: Das Flugzeug, mit dem er den höchsten Wasserfall der Welt entdeckte, wurde nach der Bergung von der Oberfläche des Auyan Tepui vor dem Flughafen in Ciudad Bolivar aufgestellt.

Der höchste Wasserfall der Welt ...

... der Salto Angel, wurde nach seinem Entdecker, dem amerikanischen Piloten und Abenteurer Jimmie Angel, benannt. Das Wasser stürzt genau 965 Meter in freiem Fall von der Kante des Auyan Tepui in die Tiefe. Auf der Suche nach einer sagenhaften Gold- und Diamantenmine hat Angel ihn 1937 zufällig entdeckt.

Die Schlucht von Kavac ...

... manchmal auch Kavac-Höhle genannt, ist ein sich verengendes kleines Tal am Fuße des Auyan Tepui – direkt beim Indianerdorf Kavac. Zu Fuß sind es höchstens 15 Minuten vom Dorf bis zum Beginn der Schlucht. Sie gehört zu den bekanntesten Touristenattraktionen im Canaima-Nationalpark. Kavac hat eine kleine Gras-Landebahn. Viele Touristen fliegen für ein paar Stunden hier ein, nur um die Schlucht zu besuchen.

Zuerst geht es über Steine und Felsen an einem Fluss entlang. Immer wieder haben sich dort kleine und größere „Schwimm"-Becken gebildet, in denen man sich gut abkühlen kann. Die Schlucht wird immer enger, und teilweise muss durchs Wasser gegangen werden, um überhaupt vorwärtszukommen. Am vermeintlichen Ende der Schlucht ist ein großes, fast kreisrundes, bodenloses, mit dunklem Wasser gefülltes, tiefes Loch. Umringt von hohen, steilen und mit vielen sattgrünen Pflanzen bewachsenen dunklen Wänden – hängenden Gärten gleich – ist es enorm beeindruckend, darin zu schwimmen.

Doch das ist immer noch nicht das Ende der Schlucht! Dieser „Swimming-Pool" wird gespeist von einem Zufluss, der sich über eine kleine Kante dort hinein ergießt. Ihm kann man im Wasser watend weiter folgen. Die Wände werden immer enger, sind an den engsten Stellen nur noch ein bis zwei Meter auseinander. Je nach Wassermenge ist es hier wie in einem reißenden Wildbach. Nach circa 200 Metern endet die Schlucht wieder in einem Becken, in das sich ein tosender Wasserfall hineinstürzt. Dieses wirkliche Ende (oder eher der Beginn) der Schlucht erinnert an eine Höhle, so eng und hoch sind die Wände rundherum. Es ist dunkel, nur von weit oben schimmert ein bisschen Tageslicht hinunter. Das hinabstürzende Wasser ist irrsinnig laut und die ganze Luft voller Wassertröpfchen.

Vorherige Seite:

Oben: Gut getarnt! Trotzdem entdeckten wir diese kleine Schlange in einem Busch direkt neben dem Lager.

Unten: Gewitterstimmung an der Kante des Auyan Tepui – genau dort, wo wir ein paar Tage später hochklettern sollten.

Der unergründlich tiefe und dunkle „Badesee" in der Schlucht von Kavac. Auf dem Weg dorthin finden sich viele fotogene Kleinigkeiten.

Vorherige Seite:

Oben: Von einem anderen Tafelberg aus erkennt man erst die riesigen Ausmaße des Auyan Tepui.

Unten: Ein Blick zurück beim Aufstieg, knapp unterhalb der Wolkendecke.

Der Aufstieg auf den Auyan Tepui

Von Kavac startet die Wanderung auf den Auyan Tepui. Es gibt nur einen einzigen bekannten Pfad, der auf den 2.500 Meter hohen Tafelberg hinaufführt. Hitze, alternativ Regen, Ameisen, Mücken und Kakerlaken sind ständige Begleiter – schlammige Pfade, glitschige Felsen, reißende Flüsse und dichte Wurzelgeflechte stellen sich als Hindernisse abwechselnd in den Weg. Wunderschöne Orchideen und andere, oft seltsame Pflanzen wachsen am Wegesrand, Tiere sieht man eher selten.

Die flache Oberfläche ist eine Urlandschaft mit bizarren Felsformationen – das belohnt für alle Strapazen. Es gibt keine vergleichbare Region auf der Erde.

Vorherige Seite:

Vom Übernachtungsfelsen El Peñon – auf halber Höhe des Auyan Tepui – sieht man verschiedene kleinere Tafelberge aus den Wolken ragen.

Diese Orchideenblüte war nur eine von hunderten, die wir auf der Oberfläche des Auyan Tepui sahen.

Die Pemon-Indianer

Wer die wirklich ersten Einwohner der Gran Sabana waren, weiß man nicht genau. Aus Funden von Bergleuten und Forschern lässt sich das Alter der Pfeilspitzen, Messer, Beile und weiterer Gegenstände auf mehr als 10.000 Jahre schätzen. Die Art des gefundenen Materials lässt darauf schließen, dass die Einwohner Jäger und Sammler waren, wahrscheinlich Nomaden oder Halbnomaden.

Die Pemon sind die traditionellen Einwohner der Gran Sabana und ihrer Umgebung. Man glaubt, dass sie im 18. Jahrhundert aus dem nördlichen Brasilien kamen. Auch wenn die ersten Kontakte der Indianer mit den Europäern katastrophale Epidemien zur Folge hatten – die Pemon hatten eine Zuflucht im schwierigen Ökosystem der Gran Sabana gefunden – ein Land dass sie Wek-ta nannten, wo sich riesige Steinmassen (Tepuis) aus der Savanne erheben.

Während manche Dörfer der Pemon gerade mal aus einer Familie von 13 Personen bestehen, sind andere von bis zu sechs Familien, bestehend aus durchschnittlich 50 Personen, bewohnt. Wann immer möglich bauen die Pemon ihre Behausungen in der Nähe von Flüssen oder Schluchten, nicht weiter als höchstens zwei Stunden Fußmarsch von ihren Gemüsegärten entfernt. Die typische Pemon-Hütte wird aus Wänden mit ineinander verflochtenen Bambusstäben und -ästen, die mit Lehm verkleidet werden, errichtet. Darüber kommt ein Dach aus ineinander verschlungenen Palmblättern. Der Grundriss ist traditionell rechteckig ohne innere Unterteilungen. Darin wohnen große

Familien, die aus Eltern, Söhnen und unverheirateten Töchtern, verheirateten Töchtern mit ihren Männern und Enkelkindern bestehen. Auch Rundhütten werden gebaut, in denen Eltern mit ihren unverheirateten Kindern leben.

Wenn das Dorf politische Bedeutung genießt, wird ein großes, rundes Zeremonienhaus gebaut, das als Treffpunkt für viele Pemon-Gruppen aus dem Umkreis dient. Dort trifft man sich manchmal für mehrere Wochen, um Rituale zu pflegen und Handelsallianzen zu vereinbaren.

Immer wieder bieten sich beim Aufstieg atemberaubende Ausblicke.

Die Tafelberge Venezuelas werden nicht umsonst „Inseln in den Wolken" genannt.

Oben: Ameisen sind die ständigen Begleiter während eines Aufstiegs auf den Auyan Tepui – es erfordert sehr viel Geduld diese bei der Arbeit zu fotografieren.

Unten: So schlapp wie diese Blume fühlten wir uns auch manchmal – die Besteigung von Tafelbergen ist sehr anstrengend.

Eine Wanderung auf den Auyan Tepui

Tag 1: Kavac – Camp Guayaraca

3-4 Stunden Wanderung durch die flache Gran Sabana mit Überquerung von mehreren Flüssen auf Steinen; schöner Ausblick auf die drei Stufen des Auyan Tepui; 2-3 Stunden steiler, teilweise fast senkrechter Aufstieg über Felsen und später im Regenwald bis auf das erste Plateau (Höhe ca. 950 m); von der Kante etwa eine Stunde durch dichtes Gebüsch bis zum Camp Guayaraca (Spitzname: Camp Kakerlaka); Übernachtung in Zelten am Rande eines Waldes.

Tag 2: Camp Guayaraca – El Peñon

2-3 Stunden über Grasland, durch Wälder und Sümpfe über das leicht ansteigende erste Plateau immer Richtung Steilwand des zweiten Plateaus; anstrengendes Klettern im feuchten Wald über schlammige Erdstufen und Baumwurzeln bis auf ca. 1.400 m Höhe; immer wieder über große Felsblöcke noch mal ca. 2-3 Stunden bis zum Übernachtungsfelsen El Peñon; Übernachtung mit Isomatte auf trockenem Sand unter einem großen Felsvorsprung; fantastischer Ausblick auf umliegende, aus den Wolken aufragende Tafelberge.

Tag 3: El Peñon – El Oso

Anstrengendes Klettern und Springen über große Felsblöcke, zwischendurch Schlammpfade – etwa 1,5 Stunden bis an den Rand der hohen, senkrechten Felswand der dritten Stufe das Auyan Tepui; eine halbe Stunde auf allen vieren über riesige, in der Luft hängende, teilweise oberschenkeldicke, glitschige Wurzeln unterhalb der Wand balancieren; danach auf einem Sandweg direkt an der Wand entlang bis zum Rastplatz „La Paloma"; anschließend 1-2 Stunden zwischen Steilwand und Felstürmen steil nach oben klettern – mehrmals ist das nur an Fixseilen möglich; gebückt durch eine enge Grotte, wenige Meter danach – völlig überraschend – ist man oben: eine Mondlandschaft mit märchenhaften Steinfiguren; nochmal 3-5 Stunden über die alles andere als „flache" Oberfläche voller Schluchten und glitschiger Felsen; mehrere Flussüberquerungen bis zu einem großen Felsüberhang: „El Oso"; Übernachtung mit Isomatte auf trockenem Sand unter einem großen Felsvorsprung.

Tag 4: Auf dem Auyan Tepui

Ein Tag in der „Vergessenen Welt"; zum Trinken und Waschen muss man 15 Minuten bergab, zurück 30 Minuten bergauf gehen; drei Stunden entspannte Wanderung mit vielen Fotopausen zu einem golden schimmernden Fluss – dabei müssen mehrmals „bodenlose", aber schmale Schluchten übersprungen werden; fleischfressende Pflanzen, Farne, Orchideen – Ameisen, Libellen, Spinnen, Käfer und vieles mehr ...

Tag 5: El Oso – El Peñon

Gleicher Weg zurück wie Tag 3.

Tag 6: El Peñon – Kavac

Gleicher Weg zurück wie Tag 1 und 2 in einer langen Etappe.

Oben, Mitte und rechte Seite oben:
Bizarre Felsformationen erinnern an die unterschiedlichsten Formen – der Fantasie sind keine Grenzen gesetzt.

Unten: Ein weiterer kleiner Tafelberg in der Gran Sabana.

Rechte Seite unten: In diesen Carnivoren (fleischfressenden Pflanzen) finden sich immer Insekten – eine tödliche Falle.

Vorherige Seite:

Zwischen diesen Felswänden geht es irgendwo steil nach oben – nur wo?

Seit Jahrtausenden bewirtschaften die Pemon ihr Land, um sich mit Gemüse zu versorgen. Ein typischer Gemüsegarten ist ca. einen halben Hektar groß, und es werden bis zu zehn verschiedene Sorten Maniok angebaut, aus denen die Hauptnahrungen Casabe und Mañoco hergestellt werden. Weitere Nahrungsmittel sind Paprikaschoten, Süßkartoffeln, Bananen, Ananas und Kochbananen. Aus der geernteten Baumwolle werden Kleidung, Hängematten und andere Dinge gemacht. Die Hauptquelle von tierischem Eiweiß sind 24 Sorten Fisch aus den umliegenden Flüssen. Zerstoßene Wildpflanzen werden in den Fluss gestreut, und in den Pflanzen enthaltene narkotische Substanzen lähmen die Fische. Auch das Fischen mit Reusen sowie mit Pfeil und Bogen ist bei den Pemon bekannt.

Aus den in ihrer Umgebung vorhandenen Materialien wie Holz, Fasern und Ton sowie aus Baumwolle werden außergewöhnliche Handarbeiten gefertigt. Indianische Kanus, Ruder und Paddel, Bänke, Schnitzereien, Körbe, Kleinkinder-Transportmittel, Hängematten und Töpfe unterschiedlicher Größe gehören zur Produktpalette. Die gefertigten Handarbeiten werden nicht nur zum Eigenbedarf benutzt, sondern es wird auch Handel mit den benachbarten ethnischen Gruppen wie den Akawaio, Makushi und Yekuana getrieben. Heutzutage wird ein großer Teil der Handarbeiten im Tourismus abgesetzt, wobei dank der Schönheit und Qualität der Produkte sogar internationale Märkte erschlossen werden.

Simón Bolivar ...

... wurde am 24. Juli 1783 in Caracas geboren. Der Unabhängigkeitskämpfer und heutige Nationalheld vieler südamerikanischer Länder starb am 17. Dezember 1830 in Kolumbien. Der Befreier – El Libertador genannt – führte die Unabhängigkeitsbewegung gegen die spanischen Kolonialherren in den heutigen Staaten Venezuela, Kolumbien, Panama, Ecuador, Peru und Bolivien an. 1799 ging er zur Ausbildung nach Spanien, später reiste er auch durch Frankreich und Deutschland. Insbesondere Napoleon beeindruckte ihn tief. Auf vielen Gemälden sieht man ihn in der typischen Napoleon-Pose mit einer Hand in der Weste. 1807 kehrte er nach Venezuela zurück.

Farne gehören zu den häufigsten Pflanzen der Tafelberge.

Am 14. Mai 1813 begann der eigentliche Befreiungskampf. Simón Bolivar führte die Invasion von Venezuela an. Am 6. August rief er die zweite venezolanische Republik aus. Am 7. September 1821 gründete er die Republik Großkolumbien und wurde deren erster Präsident. Er ernannte sich am 27. August 1828 selbst zum Diktator. Kurz nach seinem Tod 1830 zerbrach d e Republik Großkolumbien in die einzelnen Staaten Ecuador, Kolumbien und Venezuela. Zuerst wurde sein Tod von vielen als Befreiung gewertet, doch typisch südamerikanisch werden er und seine Leistungen heute sehr verklärt dargestellt. In Venezuela herrscht heute noch ein regelrechter Personenkult um ihn. Die Währung heißt Bolivar und das Land heißt offiziell Bolivarianische Republik Venezuela. Ein Asteroid wurde nach ihm benannt genauso wie eine Zigarrenmarke. Viele Orte in ganz Südamerika und der Staat Bolivien wurden ebenfalls nach ihm benannt.

Ein großer Fluss

Der Orinoco ist mit einer Länge von 2.574 km der größte und wichtigste der über 1.000 Flüsse Venezuelas. Er entspringt an einer der größten Wasserscheiden Lateinamerikas im Grenzgebiet zwischen Venezuela und Brasilien. Der Wasserstand des Orinoco schwankt abhängig von den Jahreszeiten beträchtlich. Die höchsten Stände werden im August gemessen. Sie übersteigen die Tiefststände von März und April um durchschnittlich 13 Meter.

Unterhalb der Oberläufe findet sich ein weltweit einzigartiges geographisches Phänomen: Der Fluss spaltet sich in zwei Arme auf. Der Brazo Casiquiare (wörtlich:

Nebenarm Casiquiare), ein natürlicher Kanal, verbindet die Flusssysteme des Orinoco und des Amazonas miteinander. Dabei fließt ein Drittel des Wassers über den Rio Negro (Amazonien) in den Amazonas, der Rest fließt weiter in den Hauptkanal des Orinoco. Diese Passage erlaubt es Schiffen mit niedrigem Tiefgang, vom Orinoco in das Flusssystem des Amazonas zu wechseln. Die riesigen Gebiete zwischen Orinoco, Amazonas und Atlantik bilden im Prinzip eine Insel.

El Dorado

Nach der Entdeckung der neuen Welt lockten der Traum vom ewigen Reichtum und die Sehnsucht nach dem Paradies Scharen von Abenteurern und Forschern in das Land der Tafelberge. Die Färbung vieler Flüsse in der Gran Sabana hat dazu beigetragen, dass hier die Legende von El Dorado entstand: Humusstoffe verleihen dem Wasser einen goldenen Glanz und lassen die Steine am Grund wie Nuggets erscheinen.

Doch es gibt auch einen wahren Kern: Venezuela birgt Bodenschätze im Überfluss – nicht nur Gold und Diamanten, sondern auch Halbedelsteine wie Jaspis – und natürlich das für den heutigen Reichtum des Landes verantwortliche schwarze Gold: Erdöl.

El Dorado ist aber auch der Name eines kleinen Orts: ein bedeutungsloses, armseliges Nest im entlegenen Südosten des Landes, nahe der Grenze zu Guyana. Dieses El Dorado haben alle Kriminellen bis Mitte der 80er Jahre des 20. Jahrhunderts mehr gefürchtet als den Tod, denn es war gleichbedeutend mit dem nahe gelegenen berüchtigsten Zuchthaus Venezuelas.

Rechte Seite: Von der Sonne angeleuchteter Farn, der aus dem Stein herauszuwachsen scheint.

Unten: Durch die Färbung des Wassers erscheinen die Flüsse der Gran Sabana „golden“. Dieser etwa zehn Meter breite Fluss fließt auf dem Auyan Tepui, bevor er sich dann irgendwo als Wasserfall über die Kante ergießt.

Bildnachweis:

38-39, 44 r. o., 60-61 o., 61 o., 61 2. o., 61 3. o., 61 4. o., 62 r. u., 63 o., 64 l. o., 64 l. m., 64 l. u., 64 r. u., 65 o., 65 u., 128 u., 130-131 o., 133 l. u., 133 r. o., 134 r. o., 134 l. o., 135 o., 136 l. o., 136-137, 138-139 u., 139 l. o., 139 l. u., 139 r. o.

Uli Assmann

Uli Assmann, Jahrgang 1959, ist in Bremen geboren, hat während seiner kaufmännischen Ausbildungszeit lange Zeit in Hamburg gelebt, bevor er 1987 seinen Wohnsitz nach Berlin verlegte.

Bei seinen vielen Urlaubsreisen hat er sein bereits aus der Kindheit bestehendes Hobby Fotografie immer weiter verfolgt.

Bis 2005 war er überzeugter analoger Fotograf, bevor auch er sich die erste digitale Kamera zulegte und sich von deren technischem Fortschritt begeistern ließ. Seitdem begleitet ihn seine Canon-Ausrüstung, die er ständig erweitert, auf all seinen Urlaubsreisen.

Seine aktuellen Lieblingsziele liegen in Afrika und Süd- bzw. Mittelamerika. Er hat sich auf diesen beiden Kontinenten in den letzten Jahren auf Wildlife-Fotografie spezialisiert. Insbesondere dem Reiz der Beobachtung von Glattwalen, Seelöwen und Pinguinen an den langen Küsten Patagoniens in Argentinien ist er erlegen, und das treibt ihn immer wieder in diese Region. Einige seiner vielen Aufnahmen zeigt er uns hier.

Aber auch das Galápagos-Archipel, wo die Tiere noch das Sagen haben und das der Traum eines jeden Tauchers und Naturbegeisterten ist, hat er bereits zweimal bereist und zeigt uns hier Aufnahmen von Tieren, die es nur auf diesen Inseln zu bestaunen gibt.

Bildnachweis:

6-7, 142-143, 146-147, 154 u., 155 l. o., 155 r. o., 155 r. m., 156 l. o., 156 r. o., 157 o., 158 o., 160 m. o., 160 r. o., 160 u., 163, 167 o., Schuber Rückseite o.

Mathias Csader

photographie + natur + leidenschaft

Mit diesen drei Worten ist eigentlich alles zu seinen Beweggründen gesagt. Mathias Csader ist ein leidenschaftlicher Natur- und Landschaftsfotograf. Neben diesen beiden Stilen fasziniert ihn die HDR-Fotografie (High Dynamic Range) und Urbex (Urban Exploration).

Einer seiner Lieblingsplätze ist der Regenwald. Ihn zu erkunden, zu dokumentieren und diese Momente durch seine Fotos mit anderen zu teilen erfüllt ihn.

Im Alter von zwölf Jahren bekam er seine erste Kamera, und so begann seine Liebe zur Fotografie. Jedoch erst nach seiner Ausbildung und einer Reise nach Costa Rica begann seine Fotografie sich auch weg von Schnappschüssen hin zu echten Fotografien zu entwickeln. In dieser Zeit begann er sich intensiver mit der Fotografie, Bildgestaltung und -bearbeitung zu beschäftigen. Nach seinem Besuch in Costa Rica hatte ihn sowohl die Fotografie als auch der Regenwald dann vollends in ihren Bann gezogen. Seitdem haben ihn diese Leidenschaften nicht mehr losgelassen.

http://natur-highlights.de (Natur- und Reisefotografie)

http://csader.de (HDR- und Urbexfotografie)

Norbert Frommelt

Norbert Frommelt ist 1958 geboren. Schon während der Schulzeit begann er zu fotografieren und im eigenen Schwarzweiß-Labor zu entwickeln. Nach dem Motto „Wer einmal am Zelluloid gerochen ...“ hat ihn die Fotografie nie mehr losgelassen. So machte er nach dem Abitur verschiedene Praktika in der Fotobranche (Handel, Groß- und Fachlabor) und besuchte anschließend die Hamburger Fotoschule. Danach arbeitete er zwei Jahre in Salzgitter in einem Fotostudio und legte als Externer die Gesellenprüfung als Fotograf ab. Anschließend ging er nach Köln, um an der Fachhochschule Fotoingenieurwesen mit dem Schwerpunkt Film- und Fernsehtechnik zu studieren.
Nach dem Studium arbeitete Norbert in verschiedenen Bereichen der Fernsehbranche, bis er die Tätigkeit des Cutters als optimale Kombination aus Technik und Bildgestaltung für sich entdeckte. Seit 15 Jahren übt er diesen Beruf aus. Als Ausgleich zur Arbeit am Bildschirm muss er immer wieder raus, um eigene Bilder zu machen. Lateinamerika ist dabei eines seiner bevorzugten Ziele; faszinierende Landschaften und kulturelle Vielfalt bannen ihn immer wieder.

Bildnachweis:

36-37, 42 u., 44 l., 45 o., 52 o. l., 57 m., 100 o., 102 u. l., 103 o., 103 u., 104 o., 116 o., 117, 207, 208

Joachim Griesinger

Joachim Griesinger, Jahrgang 1955, ist Diplom-Biologe und Naturfotograf und hat in Spanien langjährige Studien über die Verhaltensbiologie von Gänsegeiern durchgeführt. Dabei entstand bei ihm vollends die Begeisterung für die Tierfotografie.
Aussagekräftige Bilder entstehen bei ihm durch eine Kombination aus verhaltensbiologischem Wissen, Härtnäckigkeit und fotografischer Technik. Er arbeitet dabei auch gerne aus getarnten Fotoverstecken heraus, um ungestörtes Verhalten der Tiere zu bekommen.
Als selbstständiger Reiseveranstalter mit seiner Firma „Reisen in die Natur“ bietet er seit 1994 weltweit von Biologen und Landeskennern begleitete Reisen für Naturfotografen und Ornithologen an.
www.reisen-in-die-natur.de

Bildnachweis:

72-73, 79 u., 86 o., 87 u., 88 o., 89 l. u., 89 r. m, Schuber Cover Hintergrund o.

Bildnachweis:

9, 34, 43, 45 l. u., 45 r. u., 46 u., 52 r. o., 53, 54 o., 54 u., 55, 56 l. o., 56 l. u., 56 r.

Frank Hanel

Frank Hanel, geboren 1961 in Brake bei Bielefeld, ist verheiratet, hat zwei Töchter und lebt heute in Barntrup, einem kleinen Ort im Lipper Land.

Nach einer Berufsausbildung zum Groß- und Außenhandelskaufmann folgte der erste spannende Aufenthalt in Ghana, Westafrika. Schon 1986 hat er eine eigene Firma gegründet, die sich mit der Versorgung mit Ersatzteilen für klassische Alfa Romeos beschäftigt. Seit 1989 ist Frank Hanel Geschäftsführer der gleichnamigen Frank Hanel GmbH.

Die Fotografie – mehr als nur ein Hobby! Neben einem mehrmonatigen Praktikum in einem Fotostudio mündete der Wunsch, nach bestandener Aufnahmeprüfung Film-/ Fotodesign zu studieren, in ein Betriebswirtschaftsstudium. Heute ist neben der Produktfotografie für die eigene Firma die Reisefotografie sein fotografisches Betätigungsfeld. Viele Reisen führten ihn auch außerhalb Europas in Länder wie China, Argentinien, Chile, Thailand, die USA, Namibia, Tansania und Uganda.

Wann immer sich noch etwas Zeit findet, werden gern die Laufschuhe angezogen und es geht raus in die Natur. Sport ist für Frank Hanel ein wichtiger Ausgleich. Neben langen Läufen wie dem Hermannslauf und Marathons hat Frank Hanel auch zwei Ultratriathlons erfolgreich geschafft.

Für Frank war es – nach seiner Teilnahme am Mondberge-Projekt und der damit verbundenen Unterstützung verschiedener Hilfsprojekte – eine willkommene Gelegenheit auch wieder bei diesem Buch mit seinen Patagonien-Aufnahmen dabei zu sein.

Bildnachweis:

40-41, 47, 48 o., 48 u., 49 l. u., 49 r. o., 50 u., 51 u., 58 o., 96-97, 98 u., 99 o., 99 u., 105 o., 105 u., 106 u., 107 r., 108 u., 109 o., 109 u., Schuber Cover l.

David Köster

David Köster, geboren 1977 in Halle (Saale), ist Diplom-Kaufmann und leidenschaftlicher Reise- und Naturfotograf. Besonders faszinieren ihn einsame, weite Landschaften und das Spiel von Licht, Farben und Formen auf unserer Erde.

Seine Liebe zur Fotografie entdeckte David, als er 2001 für mehrere Monate in den USA lebte. Seitdem haben ihn weder die Fotografie noch das Fernweh wieder losgelassen. So finden sich im Portfolio des begeisterten Globetrotters Aufnahmen aus der ganzen Welt: von Südamerika über Afrika bis Ozeanien.

Bei seiner fotografischen Arbeit ist es David wichtig, den besonderen Charakter und den Zauber beeindruckender Naturkulissen zu vermitteln. Mit seinen Bildern möchte er visuelle Geschichten von der Schönheit unseres Planeten erzählen. Davids Fotografien erscheinen heute in Print- und Online-Publikationen. Auch an der inhaltlichen Erstellung der Texte dieses Buches – insbesondere der Kapitel Patagonien und Anden, Atacama, Altiplano – hat David mitgewirkt.

Webseite www.davidkoester.de.

Til Macke

Til Macke, Jahrgang 1939 ist promovierter Zoologe, beruflich aber seit über 40 Jahren Unternehmer und Fabrikant hochwertiger Laborgeräte zur Analyse von Nahrungs- und Futtermitteln, die weltweit vertrieben werden.
Auf vielen Reisen hat er versucht, insbesondere Vögel zu beobachten und zu fotografieren, denn seine Hobbys sind Fotografie und Vogelkunde.
Ein weiterer Schwerpunkt ist sein Einsatz für den Naturschutz, vor allem im Großraum Bonn, aber auch in Bulgarien und Polen. Im Laufe seines Lebens hat er daher immer wieder ehrenamtlich in Vorständen von Naturschutzorganisationen gearbeitet.
Heute ist er noch tätig als Schatzmeister der Friends of CMS/Freunde der Bonner Konvention e. V.. CMS ist das UN-Sekretariat zum Schutz wandernder wild lebender Tierarten. Diesem Übereinkommen sind 116 Nationen beigetreten.
www.friendsofcms.de

Bildnachweis:

4, 155 u., 157 m., 158 u., 159 r. u., 160 l. o., 161 o., 161 u., 164 u., 113, 120 l. o., 120 l. m.

Heike Odermatt

Geboren und aufgewachsen am Bodensee zog es Heike mit 16 Jahren in die Niederlande. Schon in ihrer Kindheit war sie fasziniert von Naturbildern. Kurzerhand nahm sie Bleistift und Papier und begann zu zeichnen. Erst in den Niederlanden bekam sie ihre erste Kamera. In den darauf folgenden Jahren zog es sie mit der Kamera immer öfter in die Natur. Vor ihrer ersten Islandreise stand fest, dass sie ihre Freizeit voll und ganz der Naturfotografie widmen möchte und aus einem Hobby ist eine Passion geworden. Ihre Schwerpunkte in der Naturfotografie sind Landschaften und Tiere. Seit 2005 fotografiert sie digital. Ihre bevorzugten Ziele sind die „rauhe Natur" wie etwa in Skandinavien und den kälteren Regionen der Erde. Sie erhielt für Ihre Fotos bereits einige Auszeichnungen in internationalen Wettbewerben. Ihre Bilder werden regelmäßig in verschiedenen Magazinen im In- und Ausland veröffentlicht.
Webseite: www.odermatt.nl

Bildnachweis:

18-19, 20-21, 22-23, 24 u., 25 o., 25 u., 26 l. o., 26 l. u., 26 r. o., 27 o., 27 u., 28-29 o., 28 u., 29 u., 30 l. o., 30 l. m., 30 l. u., 30 r. o., 31, 32-33 o., 33 o., 33 2. o., 33 3. o., 33 u., 201, Schuber Cover m.

Bildnachweis:

12-13, 35, 49 o., 49 r. m., 49 r. u., 59 o., 62 l. o., 62 l. u., 63 u., 114 u., 115, 118-119 o., 120 r. o., 121 o., 121 u., 122-123, 124-125, 126-127, 129, 131 r. o., 131 u., 132 o., 133 l. o., 133 r. m, 133 r. u., 135 u., 136 l., 139 l. m, 140 r. , 141, 204-205, Schuber Rückseite 4. o.

Martin Ruhnke

Geboren 1967 in Köln kam Martin Ruhnke schon sehr früh zur Fotografie. Auf vielen Reisen mit seiner Familie durch Europa machte er erste Erfahrungen mit einer Agfa-Kamera vom Vater. Schon damals lag der Fokus dabei auf Tieren und Natur.

Da damals das Geld für Filme und weiteres Equipment nicht vorhanden war, geriet die Fotografie zunächst in den Hintergrund. Das änderte sich schlagartig mit der ersten Fernreise auf die Malediven 1991. Bevorzugte er zu Anfang noch Sucherkameras von Nikon und Pentax, änderte sich dies schon bald, und die erste analoge Nikon F60 fand sich ein.

Seit 2005 stellte Martin langsam auf die digitale Fotografie um. Seit den ersten Schritten mit einer SLR-Kamera ist er bei Nikon geblieben. Aktuell nutzt er eine D7000 und eine D80, letzere auch mit einem Hugyfot-Gehäuse unter Wasser. Es erschienen bereits Reiseartikel in verschiedenen Magazinen. Seine Reisen führten ihn durch alle Kontinente. Inzwischen ist Martin auch als Reiseveranstalter tätig und bietet spezielle Reisen für Naturliebhaber und Fotografen an.

Bildnachweis:

66-67, 68-69, 70-71, 74-75, 76 u., 77 o., 77 u., 78-79 o., 80 o., 81 o., 81 u., 82 l. o., 82 l. u., 82 r., 83, 84-85 o., 85 r. o., 85 r. m., 85 r. u., 86 u., 87 o., 89 o., 89 r. o., 89 r. u., 110-111, 112, 118-119 u., 119 r. u., 120 l. u., 134 u., 140 l., Schuber Rückseite 2. o.

Beate und Dr. Michael Schneider

Beate Schneider ist 1965 in Ludwigshafen am Rhein geboren. Während des Studiums lernte sie ihren Mann kennen, und die beiden heirateten 1990. Seit 1994 lebt sie mit ihrem Mann in der Nähe von Frankfurt am Main. Reisen und Natur waren schon immer ihre Passion. Reisen und Fotografie wurden auch die großen Leidenschaften in der Partnerschaft. Trotz der schon häufigen Reisen auf den afrikanischen Kontinent haben sich die beiden entschlossen, sich zunächst bei diesem Bildband Südamerika zu beteiligen. Südamerika kam erst spät in den Fokus der beiden, dafür jedoch auch mit vielen positiven Eindrücken und Erlebnissen.

Dr. Michael Schneider, Jahrgang 1964, fotografiert schon seit seiner Kindheit intensiv und hat sich schon recht früh auf Naturfotografie spezialisiert. Zunächst standen Ziele in Europa im Vordergrund. Seit 1990 geht es zum Teil mehrmals im Jahr auf Reisen in die Natur zu interessanten, zum Teil weniger bekannten Natur-Highlights.

In diesem Bildband ist das Ehepaar Schneider mit Aufnahmen insbesondere aus Brasilien vertreten. Sie reisen fast immer zu zweit, um intensiv, individuell und selbstbestimmt die Natur erleben zu können und viel Zeit für Flora, Fauna und die Fotografie zu haben.

Thomas Weinhold

Thomas Weinhold wurde 1972 in Forst/Lausitz geboren, ist in Brandenburg (ehemals Bezirk Frankfurt/Oder) aufgewachsen, studierte dann fünf Jahre in Berlin angewandte Informatik, wohnt seit 1998 in Köln und fährt seit elf Jahren nach Düsseldorf zur Arbeit.
Seit mehreren Jahren interessiert er sich intensiv für die Fotografie; seine erste Spiegelreflexkamera (EXA 1c) bekam er im Alter von 14 Jahren. Negativfilme und Schwarzweiß-Abzüge hat er größtenteils selbst entwickelt.
Glücklich über die Einführung der digitalen Spiegelreflexkameras, die Geburt seines Sohnes Luca stand kurz vor der Tür, wurde eine analoge Canon EOS 300 im Mai 2003 durch eine EOS 10D ersetzt. Das eröffnete ihm Möglichkeiten bei seinen Reisen der Fotografie ein noch größeres Gewicht zukommen zu lassen. Das mittlerweile sehr umfangreiche Equipment kommt auch seiner Frau Nancy und dem zweiten Sohn Lino zugute. Beim gemütlichen Beisammensein lässt die Familie immer wieder einmal die gemeinsamen Reisen Revue passieren.
2010 hat Thomas bereits Fotografien im Fotografeneditionen-Bildband „Afrikas Süden" veröffentlicht; in diesem Bildband sind einige seiner besten Fotografien aus Costa Rica und Chile enthalten.

Bildnachweis:

15, 52 l. u., 57 o., 57 u., 150-151, 152 u., 154 o., 157 u., 90-91, 92-93, 101, 106-107 o., 107 l. u.

Britta Wulfekammer

Britta Wulfekammer, geboren 1969 in Mettingen/Westfalen, ist Diplom-Kauffrau und arbeitet im internationalen Marketing. Seit 2008 lebt sie in Schweden.
Auf zahlreichen Auslandsreisen entdeckte sie schon als Jugendliche ihre Leidenschaft für die Fotografie. Später konnte sie im Rahmen ihrer Marketingtätigkeit professionelle Fotografen bei der Arbeit begleiten. Dies erweckte den Wunsch, sich intensiver mit der Fotografie zu beschäftigen.
Seit dem Kindesalter ist sie begeisterte Reiterin und eng mit der Natur verbunden. Ihre Faszination für Tiere und Natur verbunden mit der Neugier auf fremde Kulturen, bilden die Basis ihrer Motivwahl. Auf ihren Reisen rund um den Globus ist die Kamera daher stets im Gepäck. 2011 zog es sie zweimal nach Costa Rica. Eine Auswahl der dort entstandenen Aufnahmen ist in diesem Bildband abgebildet.
Brittas Bilder wurden in den vergangen Jahren in diversen Publikationen veröffentlicht. Unter anderem war sie bereits am Bildband „Afrikas Süden", der 2010 in der Reihe „Fotografeneditionen" erschien, beteiligt. Inzwischen präsentiert sie ihre Bilder regelmäßig auf eigenen Ausstellungen.
www.wulfekammer.com

Bildnachweis:

2, 17, 144-145, 148-149, 153 o., 153 u., 159 l. o., 159 r. o., 159 l. u., 162, 165 o., 165 u., 166 o., 167 u., Schuber Rückseite 3. o.

Bildnachweis:

168-169, 170-171, 172-173, 174-175, 177, 178 l o., 178 r. o., 179 o., 179 u., 180 u., 181 r. o., 181 u., 182 l. o., 182 r. o., 183 o., 183 u., 184 l., 184 r. o., 184 r. u., 185, 186-187 o., 186 l. u., 187 u., 188 l. o., 188 l. m., 189, 190 l. o., 190 l. m., 190. l. u, 190 r. u, 191 o., 191 r. u., 192 u., 193

Salto Angel, Cover: © Birgit Prentner

Andreas Klotz

Andreas Klotz wurde 1968 geboren. Nach einer Berufsausbildung zum Schriftsetzer hat er sich bereits mit 19 Jahren selbstständig gemacht. Heute ist er Inhaber und Geschäftsführer der TiPP 4 GmbH, Werbeagentur und Verlag in Rheinbach bei Bonn. Seit fast 30 Jahren ist die Naturfotografie sein Hobby. Andreas ist verheiratet und Vater von zwei Kindern. Ab und zu „darf" er auf Abenteuer-Urlaub mal für zwei bis drei Wochen weg von seiner Familie, seinem Büro und der täglichen Routine. Dann zieht es ihn zum Trekking möglichst weit weg in die Natur, vor allem um intensiv zu fotografieren und die Erlebnisse in Reiseberichten festzuhalten. Die Reiseleidenschaft packte ihn 1988 auf seiner ersten Fotosafari in Kenia. Später folgten viele Jahre lang Tauchurlaube am Roten Meer, auf den Malediven und in der Karibik. Nachdem er 2003 (und nochmals 2010) den Kilimandscharo bestiegen hatte, zog es ihn 2006 nach Venezuela zu den Tafelbergen. Um fit zu bleiben und den Kopf frei zu bekommen, läuft er seit 1999 regelmäßig – Höhepunkt war sicherlich der New-York-City-Marathon.

2007 hat er das 192-seitige Buch „Auyan Tepui – Insel über den Wolken" über seine Auyan-Tepui-Expedition als Reisebericht mit vielen Zusatzinformationen veröffentlicht. Gedruckt ist es nicht mehr erhältlich, Leser dieses Bildbands können es als eBook (PDF-Datei) per E-Mail beim Verlag anfordern: ak@tipp4.de.

Bilder: Mark & Mary Stafford

AGA
Aktionsgemeinschaft Artenschutz e.V.
Action Campaign for Endangered Species (ACES)

TROPICA VERDE

Weltweit im Einsatz für bedrohte Arten – denn Aussterben ist endgültig

Die Aktionsgemeinschaft Artenschutz (AGA) e. V. ging aus der 1981 initiierten „Aktion Rettung der Schildkröten" hervor, in der sich Privatpersonen gegen das grausame Abschlachten der Meeresschildkröten eingesetzt haben. 1986 wurde die AGA als Verein gegründet, denn das Engagement ist seit dem ersten Einsatz ungebrochen und nicht mehr „nur" auf die Rettung der Meeresschildkröten beschränkt. Auch heute noch zeichnet die AGA ihr unermüdlicher Einsatz für den Schutz bedrohter Arten aus.

Nach wie vor setzt sich die AGA für den Schutz der vom Aussterben bedrohten Meeresschildkröten ein, z. B. durch den Schutz ihrer Niststrände. Um effektive und wissenschaftlich fundierte Schutzmaßnahmen entwickeln zu können, führt die AGA auch Grundlagenforschung durch. So wird z. B. das Verbreitungsgebiet von Koalas und Pinguinen erforscht, um diese dort besser schützen zu können. Mit konstruktiven Schutzkonzepten trägt die AGA zur Lösung bestehender Mensch-Wildtier-Konflikte bei, etwa durch den Einsatz von Herdenschutzhunden zum Schutz der Geparde in Namibia. Die AGA unterstützt außerdem die Aufzucht von Elefanten- und Gepardenwaisen und stellt bei Bedarf, wenn z. B. Naturkatastrophen das Überleben bedrohter Arten gefährden, Soforthilfe zur Tiernotrettung zur Verfügung. Durch Ausweisung von Schutzgebieten und Baumpflanzaktionen setzt sich die AGA außerdem für den Erhalt des Lebensraums bedrohter Arten ein.

Um ihre Projekte effektiv durchführen zu können, arbeitet die AGA weltweit mit kompetenten Partnerorganisationen zusammen. Dank dieser engen und guten Zusammenarbeit können Artenschutzprojekte direkt und nachhaltig umgesetzt werden. Einer der Kooperationspartner ist Tropica Verde, ein gemeinnütziger Verein zum Schutz tropischer Lebensräume, biologischer Vielfalt und bedrohter Arten.

Seit seiner Gründung im Jahr 1989 arbeitet Tropica Verde e. V. daran, die Bedeutung und die Gefährdung tropischer Lebensräume verstärkt in das öffentliche Bewusstsein zu rücken. Aus dem Informationsbüro im Palmengarten der Stadt Frankfurt am Main werden lokale und bundesweite Umweltbildungsmaßnahmen organisiert sowie Natur- und Artenschutzprojekte in Costa Rica in Kooperation mit lokalen Partnern unterstützt.

Die AGA unterstützt Tropica Verde und den Projektpartner Centro Científico Tropical bei der Projektarbeit zum Schutz der Großen Soldatenaras in Costa Rica. In den letzten Jahrzehnten hat Costa Rica über die Hälfte seiner ursprünglichen Waldbedeckung verloren. Viehweiden, Bananen- und Ananasplantagen sind an ihre Stelle getreten. Auch im Kanton Sarapiqui im Norden Costa Ricas, der sich von der Zentralkordillere bis zur

Bild: Mark & Mary Stafford

Bild: Luiz Caudio Marigo

nicaraguanischen Grenze erstreckt, gibt es nur noch im Bergland und nahe dem Grenzfluss Rio San Juan größere Flächen ursprünglicher und sehr artenreicher Primärwälder.

Symbol dieses Naturreichtums und seiner Bedrohung wurde der Große Soldatenara. Er nistet in den natürlichen Baumhöhlen der hartholzigen Stämme des Waldmandelbaums. Die reifen Früchte dieser Urwaldriesen bilden eine wichtige Nahrungskomponente der Aras, die einen anspruchsvollen Nahrungsbedarf haben und auf der Suche nach reifen Früchten jahreszeitliche Wanderungen machen. Durch die fortschreitende Zerstörung ihres Lebensraums und die zum Teil auch illegale holzwirtschaftliche Nutzung der Waldmandelbäume ist das Überleben dieser prachtvollen Papageien stark gefährdet. Das ehemalige Verbreitungsgebiet der Großen Soldatenaras zwischen Honduras und Kolumbien ist bereits um mehr als 90 Prozent geschrumpft. In den verbliebenen Waldgebieten bedrohen Wilderei und illegaler Handel das Überleben der Art.

Im Norden Costa Ricas befindet sich das letzte Brutgebiet des Landes. Nur noch 35 Brutpaare leben hier. Um diese Population im Grenzgebiet zwischen Costa Rica und Nicaragua zu retten, müssen die Primärwälder im Norden Costa Ricas vor der Zerstörung bewahrt werden. Nur zusammen mit der größeren Population in dem bereits geschützten biologischen Reservat Indio-Maíz im angrenzenden Nicaragua besteht die Aussicht, das Überleben der Großen Soldatenaras in Costa Rica dauerhaft zu sichern.

Folgende Maßnahmen werden im Rahmen des Ara-Schutzprojekts durchgeführt:

- Lebensraumschutz durch die Weiterentwicklung eines binationalen biologischen Korridors zur Vernetzung von Schutzgebieten und intakten Naturräumen, um die letzte mögliche ökologische Verbindung zwischen Nicaragua und Costa Rica innerhalb des mittelamerikanischen biologischen Korridors zu sichern;
- Unterschutzstellung einzelner Waldmandelbäume, der Brut- und Nahrungsbäume des Großen Soldatenaras;
- Umweltbildungs- und Öffentlichkeitsarbeit zur Sensibilisierung der Menschen für den Schutz des Großen Soldatenaras und seines Lebensraums;
- Unterstützung eines binationalen Schülernetzwerks zur Beobachtung und Erfassung der biologischen Vielfalt und insbesondere des Großen Soldatenaras sowie zur Umweltbildung;
- Auszeichnung von Nestschützern im Rahmen eines binationalen Festivals für den Erhalt der Großen Soldatenaras als Symbol für die biologische Vielfalt der Region.

Mehr über die Projekte der AGA und von Tropica Verde erfahren Sie bei

Aktionsgemeinschaft Artenschutz (AGA) e. V.
Rathausgasse 5
70825 Korntal-Münchingen
Tel. 07150-922210
Fax 07150-922211
E-Mail: buero@aga-international.de
Internet: www.aga-international.de

TROPICA VERDE e. V.
Siesmayerstr. 61
60323 Frankfurt am Main
Tel. 069-751550
Fax 069-752182
E-Mail: mail@tropica-verde.de
Internet: www.tropica-verde.de

Spendenkonto: 99 12 900
BLZ 604 500 50 (KSK Ludwigsburg)
Stichwort: Soldatenara

Weitere Bücher von TiPP 4

Tolle Geschenkideen ■ Edle Sammlerstücke

Mit dem Kauf dieser Bücher unterstützen Sie nachhaltige Artenschutzprojekte!

Bestellung auf **www.tipp4.de/shop**